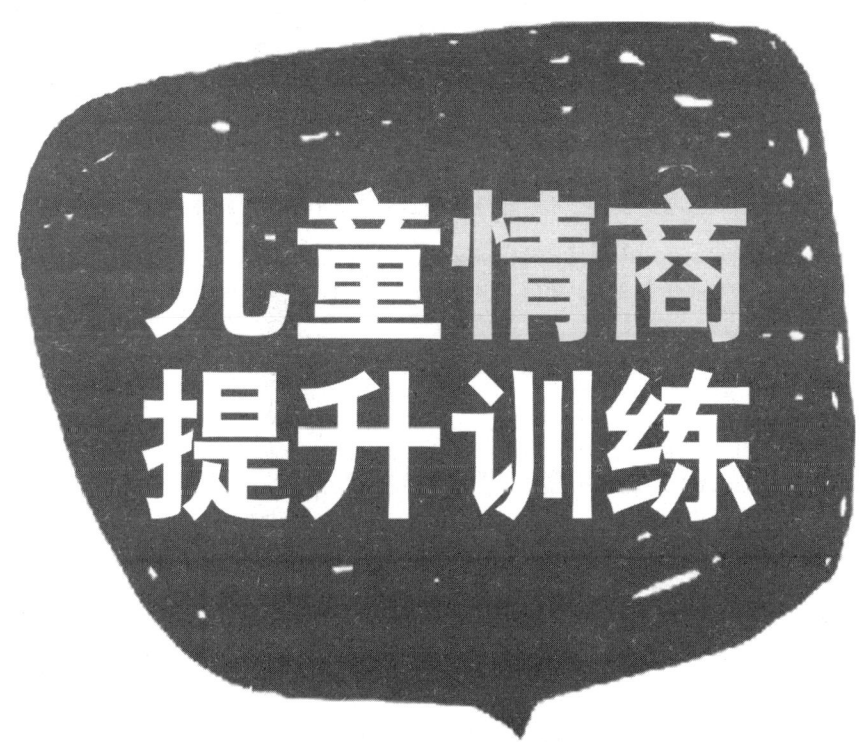

儿童情商提升训练

彭清清◎著

国家一级出版社　中国纺织出版社　全国百佳图书出版单位

内 容 提 要

近些年来，情商越来越为人所熟知，也有更多的人意识到情商对于人生的重要作用。对于孩子而言，只一味地学习是远远不够的，也许高智商会让孩子掌握更多的知识和技能，但是高情商却决定了孩子拥有幸福快乐的人生。

本书针对提升孩子的情商，再结合心理学的相关知识，进行了详细阐述。指导父母应该从哪些方面培养孩子的情商，以及怎么做，才对提升孩子的情商事半功倍。此外，本书还结合孩子的身心发展特点，有的放矢地提出培养和提升情商的注意事项，相信一定会对父母教养孩子大有裨益。

图书在版编目（CIP）数据

儿童情商提升训练／彭清清著．—北京：中国纺织出版社，2019.4
ISBN 978-7-5180-5983-6

Ⅰ．①儿… Ⅱ．①彭… Ⅲ．①儿童—情商—能力培养 Ⅳ．①B842.6

中国版本图书馆CIP数据核字（2019）第045483号

责任编辑：闫　星　　特约编辑：李　杨
责任校对：武凤余　　责任印制：储志伟

中国纺织出版社出版发行
地址：北京市朝阳区百子湾东里A407号楼　邮政编码：100124
销售电话：010—67004422　传真：010—87155801
http：//www.c-textilep.com
E-mail：faxing@c-textilep.com
中国纺织出版社天猫旗舰店
官方微博http：//weibo.com/2119887771
三河市宏盛印务有限公司印刷　各地新华书店经销
2019年4月第1版第1次印刷
开本：710×1000　1/16　印张：13.5
字数：178千字　定价：39.80元

凡购本书，如有缺页、倒页、脱页，由本社图书营销中心调换

近些年来，情商渐渐为人所熟知，尤其是在西方国家，人们更是非常重视情商。西方国家的职场上甚至还流行着一句话，即"智商决定录用，情商决定提升"。由此可见，在如今的社会上，情商已经成为每个人必须具备的基本素质和能力之一，也是一个人从平庸走向成功的重要决定因素。

学习好的孩子情商未必高，而高情商的孩子学习成绩不会太差。这是因为高情商的孩子综合素质很高，身心健康，能够最大限度发掘自身的潜能和力量，从而让自己坚持学习，进步更快。不仅如此，高情商的孩子还人情练达，能够与他人搞好关系，让自己处处都受到欢迎。这在人际关系至关重要的今天，无疑是非常难得的。

从心理学的角度而言，情商包括调整情绪和控制自己的能力。简而言之，高情商的孩子不但能处理好自己与他人以及外界的关系，更重要的是，他们能够处理好与自己的关系。举个简单的例子，高情商的孩子总能够认识自己，也能够恰到好处地管理好自身的情绪，拥有超强的自律力。正如有位名人所说的：一个人最大的敌人就是自己。当高情商的孩子卓有成效地管理好自己，也处理好自己与父母、与伙伴、与整个世界的关系时，他们就成了真正的强者，在生活中也是无往不利的。

情商对孩子的一生都起决定性作用。高情商的孩子对于自身的情绪感受有敏锐的感知，对于他人的情绪和感受也能及时做出反应。如果说低情商的孩子与外界沟通的途径被中断了，那么高情商的孩子与外界沟通的途径则很畅通，这也注定了高情商的孩子能够实现有效沟通，与他人的感情水乳交融。

作为新时代的父母，一定要改正观念，端正态度，不要再觉得孩子唯一的任务就是好好学习，也不要觉得孩子拥有高智商就能在世界上畅行无阻。如果说高智商能够帮助孩子掌握更多的知识和技能，那么高情商则是让孩子认知和接纳自我、与他人建立良好关系的关键。如果把智商与情商放在一起比较，那么智商就是硬实力，而情商则是软实力。唯有在拥有智商的基础上拥有高情商，孩子才会在未来走向成功。退一步而言，哪怕孩子的智商不够高，但是情商很高，孩子也能在人情社会中游刃有余，如鱼得水，更能够让人生步入成功的殿堂。

要想让孩子拥有幸福成功的一生，父母就要调整重心，不要把所有精力都用于关注孩子的学习，而要更加关注和重视培养与提升孩子的情商。如今很多父母担心孩子没有感恩之心，而高情商的孩子更能够体谅父母的辛苦，也能理解他人的苦衷，所以他们与他人以及外界的关系是非常好的。总而言之，高情商对于孩子的成长是至关重要的。要想培养和提升孩子的情商，父母一定要在教养孩子的过程中潜移默化地引导孩子，为孩子营造良好的家庭氛围，这样才能让孩子有坚实的人生基础和良好的成长环境，也才能让孩子未来有更好的发展。

编著者

2018年11月

目 录

第01章 情商是人的综合素养，拥有高情商的孩子更健康 _ 001

情商关乎孩子一生的发展 _ 002

孩子的学习成绩并非完全取决于智商 _ 004

调节好情绪，提升孩子的情商 _ 006

大脑发育好，才有高情商 _ 008

身心健康的孩子拥有高情商 _ 010

第02章 低情商束缚孩子的发展，

看准低情商，有的放矢地解决问题 _ 013

急躁，让一切变得一团糟 _ 014

彬彬有礼，才能收获友谊 _ 016

培养孩子的责任心 _ 019

孩子不是小霸王，要谦逊有礼 _ 021

让孩子学会同情他人 _ 024

帮助孩子远离抱怨 _ 026

叛逆的孩子最爱唱反调 _028

第03章　高情商的孩子人生如虎添翼，洞察高情商的表现 _031

自律力，是孩子走向成功的第一步 _032

一杯牛奶的故事 _034

宽容他人，就是宽宥自己 _036

保持冷静，才能避免迷失自己 _038

专注力，是成功的基石 _040

强烈的好奇心，让孩子畅行人生之路 _043

学会感恩，珍惜生命赐予的一切 _046

第04章　自信情商提升：孩子内心强大，人生无所畏惧 _049

充满自信，远离自卑 _050

每个人都是被上帝咬过一口的苹果 _052

自信，不是自负 _054

让自信唱响心中的希望之歌 _057

相信自己，才能找回自信 _059

第05章　自我认知情商：培养孩子自我意识，让孩子爱自己 _061

提升孩子的自我保护意识 _062

爱自己，才能爱世界 _064

逆境只是人生的"试金石" _067

学会独处，忠于自己的内心 _069

让自己成为正能量场 _071

第06章 危险认知情商：危险无处不在，
教会孩子勇敢说"不" _075

不要害怕拒绝 _076

独立，让孩子充满拒绝的自信 _078

拒绝的方式有很多种 _081

远离诱惑，避免误入人生的雷区 _083

尊重自己，就是不盲目迁就他人 _085

第07章 语言情商提升：培养孩子自我表达的能力 _089

学会使用肢体语言 _090

思维有条有理，说话井井有条 _091

高情商，助力孩子即兴演讲 _094

演讲前，要做好充分准备 _096

学会倾听，才能让沟通更顺畅 _098

积累素材，让沟通底蕴丰厚 _100

第08章　社交情商提升：

好人缘要有好口才，培养孩子的社交能力 _ 103

设身处地为他人着想 _ 104

幽默，是人与人相处的润滑剂 _ 106

学会赞美，赢得他人喜爱 _ 109

学会示弱，以退为进 _ 110

如何安慰他人 _ 113

第09章　情绪情商提升：

培养情绪管理能力，让孩子驾驭情绪野马 _ 117

有的时候，需要转移注意力 _ 118

学会倾诉，让心从不孤独寂寞 _ 120

生气是用别人的错误惩罚自己 _ 122

不抑郁，让心底阳光普照 _ 125

控制脱缰的情绪野马 _ 127

第10章　心态情商提升：

我的人生我做主，提升孩子自我调节的能力 _ 131

管理好情绪，才能让心灵放飞 _ 132

好心态，成就积极人生 _ 135

学会宣泄，人生不压抑 _ 137

放弃，也是一种得到 _139

接纳，而不要排斥不良情绪 _141

列一张隔离清单，汲取正面的心理暗示 _144

第11章 压力情商提升：

压力如影随形，培养孩子的抗压能力 _147

学会目标分解，一步一个脚印 _148

把压力转化为动力 _150

比赛并非只有赢的结果 _152

你的焦虑其实毫无意义 _155

调节好自己，迎风而上 _157

第12章 思维情商提升：

视野决定人生，让孩子拥有与众不同的人生 _159

学习成绩并不是最重要的 _160

开拓创新，是人生的必备品质 _162

思想决定命运 _165

有好创意，也要立即展开行动 _167

换个思维，你会豁然开朗 _169

和知识相比，想象力更重要 _172

第13章 心理素质提升：

挫折是人生的"试金石"，培养孩子的抗挫折能力 _175

提升心理素质，坦然面对人生 _176

决定心理素质的诸多因素 _178

积极地面对自我，增强心理素质 _180

直面恐惧，让自己无所畏惧 _183

常怀空杯心态，人生日日更新 _187

第14章 快乐情商提升：

赠人玫瑰，手有余香，让人生笑容相伴 _191

面带微笑，愉悦自己和他人 _192

远离烦恼，拥有快乐的心境 _194

充满正能量，同化身边的人 _197

有的时候，你需要一些阿Q精神 _198

假装快乐，就会真的给你带来快乐 _200

知足常乐，知足才能更快乐 _202

参考文献 _205

第01章
情商是人的综合素养，拥有高情商的孩子更健康

要想让孩子拥有健康快乐的人生，只提升孩子的智力是远远不够的，还要让孩子拥有高情商。所谓情商，简而言之就是一个人的综合素养。高情商的孩子更能够从容面对人生，即使面对人生的困境，也能脱颖而出，让人生充实而又精彩。

情商关乎孩子一生的发展

对于家庭教育而言，培养孩子拥有健康的人格，远远比开发孩子的智力，让孩子更加聪明、充满智慧更重要。显而易见，这里所说的人格实际上指的就是高情商，因为唯有拥有高情商的孩子才能人格健全，心态健康。健全的人格是孩子的立身之本，就像是一棵大树的根，如果根倾斜了，那么大树如何能够成才，如何能够健康地成长呢？常言道，十年树木，百年树人，正是告诉我们培养孩子的人格、让孩子拥有高情商、让孩子真正拥有立身之本的重要性。

近些年来，随着对情商的研究逐渐深入，情商也被提升到前所未有的高度，越来越多的人意识到情商和智商不同，如果说智商在很大程度上取决于先天因素，那么情商则主要依靠后天的培养。所以说，一个人没有高智商没关系，最重要的是要通过后天的不断努力，拥有高情商。情商能够弥补智商的不足，而智商却无法取代情商。现代社会有一种现象应该引起大家的关注，即很多拥有高智商而情商很低的人，只能从事科研工作，而很多智商不够高但是情商很高的人，则选择的范围很广，甚至可以成为出类拔萃的管理者。由此可见，高情商不但能让孩子协调好人际关系，拥有好人缘，而且能够让孩子长大成人之后在职场上有出色的表现。从这个角度而言，高情商对于孩子一生的发展都有至关重要的影响，父母一定要更加关注孩子的情商，大力培养和提升孩子的情商，这将会使孩子受益无穷。

看到这里，也许有些父母会感到困惑：难道那些天之骄子、出类拔萃的孩子，就没有高情商吗？从现实的角度而言，很多孩子也许在学习方面有着特殊的天赋，但是他们并没有高情商。学习成绩好，只意味着孩子的智商很高，却不代表孩子的情商也一定很高。从人的发展角度而言，那些高智商的孩子未来也许会从事很高端的工作，但是他们不一定会幸福快乐。近些年来，高校时常发生的恶性伤人事件，实际上就是低情商惹的祸。极个别高智商的孩子情商却很低，他们可以在知识的领域游刃有余，但是在做人做事方面却相差甚远。相反，高情商的孩子也许智商不是很高，但是他们却能协调好各个方面的关系。退一步而言，即使他们没有特别的成就，也可以安然快乐地度过一生。所以说高情商的人对于社会是没有危害的，也能尽情享受人生，而低情商的人或许拥有高智商，却未必幸福快乐，也不一定真正对社会有用。

心理学家经过研究证实，儿童阶段是塑造人格的最佳时期。明智的父母一定要抓住这个时期，最大限度地培养和提升孩子的情商。尤其是在儿童阶段，孩子正处于形成各种观念的关键时期，父母一定要用心地引导孩子，也要以最佳方式给予孩子恰到好处的教育。唯有如此，孩子才能健康快乐地成长，也才能更好地立足社会，成为对社会有所贡献的人。

孩子的学习成绩并非完全取决于智商

尽管我们前文说过，孩子的学习成绩主要取决于智商，即使孩子的学习成绩很好，也未必拥有高情商。但是心理学家经过研究证实，大多数高情商的孩子学习成绩都不会很差，这是因为情商尽管不对孩子的学习起决定性作用，但却对孩子的学习起极大的辅助和促进作用。现代社会发展速度飞快，很多父母都承担着巨大的压力，同样，为了不使孩子输在起跑线上，父母同时也把压力转嫁给孩子。在这种情况下，孩子必然需要排遣压力，也让自己的心态更加平静健康。

尤其是很多父母都喜欢利用孩子进行各种攀比，尤其喜欢炫耀孩子的学习成绩。这是因为大多数父母都不是教育专家，根本不懂得孩子的身心发展规律，只是盲目认为学习成绩好的孩子而一旦孩子都是非常聪明的，学习成绩不好的孩子都非常笨。实际上，不管是聪明还是笨，都是父母对于孩子智商一厢情愿的描述。绝大多数父母都认为智商是孩子的硬伤，只有智商高的孩子，才是学习的料子，而智商低的孩子，无论怎么努力也不可能在学习上有优秀杰出的表现。心理学家告诉我们，实际上大多数孩子在先天方面的条件相差无几，之所以随着不断的成长，孩子们的差异越来越明显，就是因为他们的情商高低不同。要想分出高低胜负，就要更看重情商对于孩子的巨大影响。

很多父母觉得自家孩子学习成绩不好，走到哪里都感到很自卑，甚至抬不起头来。他们想不明白，孩子们都在同一个班级里学习，接受同一个老师的教诲，为何成绩却相差悬殊呢？从情商的角度而言，首先，每个孩子的学习态度是截然不同的。众所周知，对于自己感兴趣的事情，孩子们总是兴致盎然，也从来不觉得劳累和辛苦，而对于自己不感兴趣的事情，即使成人也没有耐心坚持做好。其次，孩子们的学习方法不同。高情商的孩子善于分析和总结，课前能够主动预习，课后能够积极地复习，而且能够做到劳逸结合，在学习的同时也主动放松自己的身心，从而间接提高学习效率。相反，如果孩子从来不懂得总结学习经验，只是一味地死学和苦学，那么渐渐地，孩子就会被学习累垮，也因此感到心力交瘁，烦躁不安，可想而知，学习成绩必然一落千丈。再次，很多孩子平日里在学习上表现很好，但是因为没有良好的心理素质，所以一遇到重要的考试就心慌，甚至在考场上脑海中一片空白，把学到的知识都忘到爪哇国去了。可想而知，这样的孩子在考试中表现很差，即使平日里学得再好，也无法通过考试成绩来证明自己，导致考试成绩与其他孩子相差巨大。最后，民间有一种说法，即形容学习成绩好的孩子对于学习开窍早，而形容学习成绩差的孩子对于学习开窍晚。实际上，开窍早晚就是指孩子对于学习能否做到积极主动和全身心投入。有些孩子特别贪玩，丝毫没有意识到学习的重要性，也不愿意在学习上付出努力。或者一旦在学习上遭遇小小的困境，马上就会放弃。可想而知，总是知难而退的他们根本无法攀登知识的高峰。恰恰相反，有些孩子意识到努力学习的重要性，尽管贪玩，却能理性地约束自己。即使在学习上遇到难题或者遭遇困境，他们也能够知难而上，发挥顽强的毅力，战胜重重阻碍和困难。通过日积月累，他们就会在学习上有更加杰出的表现，自然会取得优秀的成绩。

以上因素告诉我们，孩子的学习成绩绝不仅仅取决于智商，而在相当程度上也取决于情商。从这个角度而言，父母有意识地提升孩子的情商，不但有利于孩子的身心健康、快乐成长，而且对于提高孩子的学习成绩也会起到一定的辅助作用。当拥有健全的人格、顽强的毅力和积极乐观的心态时，孩子必将受益无穷。

调节好情绪，提升孩子的情商

人们常说，每个人最大的敌人就是自己，这是因为每个人都有情绪，又往往很难理性地战胜自身的情绪，因而导致被情绪俘虏，也被情绪彻底降服。一旦任由情绪如同脱缰的野马一样主宰自己，一个人就失去了对自我的掌控，在人生中的很多情况下都会面临被动的局面。从这个角度而言，父母要想提升孩子的情商，让孩子拥有高情商，就要引导孩子进行情绪调节，合理适度地调整好自己的情绪，这样才能驾驭情绪，成为生命的主宰。

当然，要想引导孩子调节情商，父母首先要了解孩子的情绪状态。针对情绪状态不同的孩子，父母要采取不同的策略，有的放矢，才能事半功倍地提升孩子的情商。例如，针对情绪比较激动，时常处于忧虑和焦躁的状态之中的孩子，父母就要以安抚为主，不要过度刺激孩子。再如，针对情绪相对平稳，但是内心深处其实是很忧虑的，内心也常常陷入消极和悲观之中的孩子，父母就要以鼓励和支持为主。针对天生拥有高情商，能够调整好自己的情绪，也能够与周围的人协调好关系的孩子，父母可以提升孩子的情商为主，让孩子更加善于协调情绪。总而言之，父母唯有了解孩子的情绪状态，才能更好地疏导孩子的情绪，让孩子始终保持平静的心绪。

乐乐是个容易情绪激动的孩子，时常会因为一些小事情就陷入歇斯底里的状态之中。为此，爸爸妈妈常常帮助乐乐疏导情绪，也利用各种机会给乐乐讲述做人做事的道理。

一个周末，爸爸妈妈带着乐乐去看望姥姥，还给姥姥带了一些新鲜的大樱桃。这个季节樱桃刚刚上市，价格很贵，为此姥姥舍不得吃，非要把樱桃都留给乐乐吃。乐乐坚持让姥姥吃樱桃，姥姥却坚决拒绝，为此，乐乐气得恶狠狠地对姥姥说："姥姥，你吃不吃？不吃我要打你了哦！再不吃，我就把樱桃都扔到垃圾桶里。"姥姥当然知道乐乐这是孝顺的表现，但还是舍不得吃，乐乐见此居然真的打了姥姥一巴掌。虽然是假装打姥姥，但是爸爸妈妈马上制止乐乐："乐乐，你怎么能打姥姥呢？"乐乐有些委屈："我是为了让姥姥吃樱桃啊！"妈妈忍不住说："你原本是想孝顺姥姥的，但是打姥姥就不是孝顺了。你可以劝姥姥吃，但是一定要注意方式方法，否则孝顺又有什么用呢？"听了妈妈的话，乐乐有些生气，他想不通自己明明是孝顺，为何妈妈要批评自己。看到乐乐的情绪更加激动，妈妈赶紧提醒乐乐："乐乐，注意控制你的情绪哦！"在妈妈的提醒下，乐乐才渐渐恢复平静，同时想明白一个道理：不能以不孝顺的方式去孝顺。听到乐乐的反思和总结，妈妈欣慰地笑起来。

在这个事例中，爸爸妈妈很清楚乐乐孝顺姥姥，但是也在有意识地疏导乐乐的情绪，教会乐乐正确表达感情的方式。正是在爸爸妈妈的引导下，乐乐才能控制好自身的情绪，也才能理性思考，做出正确的反思和总结。

每个孩子的脾气秉性不同，因而他们的情绪状态也是截然不同的，为了帮助孩子疏导情绪，父母一定要以正确的方式引导孩子，给予孩子积极的指引，这样才能有效帮助孩子调节好情绪，也让孩子更加健康快乐成长。否则，如果孩子总是处于歇斯底里的状态，也真正习惯了歇斯底里，再想改掉这个坏习惯就很难了。而且，要想让孩子拥有好人缘，拥有更多的朋友，父母也要重视引导孩子控制情绪，这样才能让孩子以最好的状态面对生活，拥抱人生。

大脑发育好，才有高情商

要想让孩子拥有高情商，父母不可不知的秘密是，一定要保证孩子的大脑发育良好。这是因为大脑发育在一定程度上决定了情商培养。要想通过促进孩子的大脑发育来提升孩子的情商，父母就要了解孩子大脑发育的特点，从而有的放矢地刺激孩子的大脑发育，让孩子拥有充满智慧的大脑。

心理学家经过研究发现，孩子大脑发育的黄金时期是在0~6岁，而孩子的情商培养关键时期是在6~12岁。这并非意味着孩子的情商发育和0~6岁这个时期没有关系，而恰恰告诉我们，孩子只有在0~6岁保证大脑发育好，在6~12岁才能有效提升情商。

在0~6岁，孩子还没有形成认知机制，这是因为孩子的左脑部发育还不够健全。因而在这个时期，很多父母虽然迫不及待教会孩子认识很多字，但是孩子往往是机械性地读书识字，而不能做到积极主动深入了解文字背面的意义，更无法做到理性思考和深入分析这些文字。实际上，这一时期孩子只是本能地凭着直觉去认识和判断事物，所以父母可以有意识地多多以有声、有色，甚至有气味的东西激发孩子的感知欲望，培养孩子对于感知的兴趣。父母要养成给孩子讲故事、陪伴孩子做游戏的好习惯，这对于孩子的发展是至关重要的。细心的父母会发现，在此阶段，孩子尤其对那些虚拟和想象中的世界感兴趣，如动画片、故事里的各种角色等，都能让他们全神贯注。

相比0~6岁的孩子，6~12岁的孩子在认知能力方面有了明显的改变。如果说6岁之前的孩子更倾向于使用直觉感知一切，那么6岁之后的孩子从感性渐渐地走向理性，也渐渐地能够以理性来进行思考，深入认知和分析很多事物。6岁之前的孩子，认知事物往往非黑即白，在他们眼里除了对就是错，除了好人就是坏人，而到了六岁之后，他们对于人和事物的认知更加深入，也开始认识到对错与好坏之间还有第三种状态，即中间状态。正是因为孩子在6岁之后的身心状态，才决定了6岁之后是对孩子开展情商教育的关键期，这一时期对于孩子的教育和引导都会达到事半功倍的效果。

孩子是一个独立的生命个体，每个孩子从呱呱坠地开始就已经彻底脱离母体，也许在婴儿和幼儿时期他们还需要父母的照顾，但是随着年龄的不断增长，他们渐渐地成长和成熟起来，终究要离开原生家庭，在人生的道路上渐行渐远。为了孩子的身心健康考虑，父母一定要更加主动地培养和提升孩子的情商，这不但有利于孩子的学习，而且对于孩子的人生也是有很大好处的。当然，父母还要了解孩子在不同年龄阶段的身心发展特点和智力发育水平，这样才能有的放矢，再结合教育的具体手段对孩子进行恰到好处的情商教育，从而达到事半功倍的效果。否则，如果忽略了孩子在特定年龄阶段的身心发展特点和智力发育水平，用错了方法，就会事与愿违。

身心健康的孩子拥有高情商

如今，随着时代的发展，整个社会都处于日新月异的改变和进步之中，因而越来越多的父母变得焦躁不安。为了不让孩子输在起跑线上，他们总是过分要求孩子，有些父母甚至完全忽略孩子的身心发展规律，打乱孩子内心的节奏，毫无疑问，这种揠苗助长的方式对于孩子的自然成长没有任何好处。

家庭教育的最高境界，不是养育出多么优秀的孩子，而是让孩子健康快乐地茁壮成长。身心健康是孩子的成长根基，否则，孩子即使再怎么有出息，也会成为歪才、坏才。而如果孩子身心健康，哪怕没有太大的成就，也能拥有平安喜乐的一生，至少对社会是没有危害的。从情商的角度而言，身心健康的孩子情商更高，这是因为他们的内心维持着平衡，情绪也很稳定，这恰恰是高情商的基础。

一直以来，妈妈都为乐乐的学习成绩在班级里不是出类拔萃而烦恼。然而，前段时间，乐乐班级里的"学霸"培伟居然因为压力太大，患上了抽动症，总是情不自禁地眨眼睛，抽动嘴角。尤其是每当遇到大的考试时，培伟的各种症状就更加明显。

听说这件事情之后，妈妈也很紧张，很害怕乐乐也会出现相似的症状。经过一段时间的观察之后，妈妈终于放下心来，原来乐乐每天吃得香，睡得香，哪怕到了大考前夕，也绝不紧张和慌乱。妈妈试探性地问乐乐："乐乐，你不紧张吗？"乐乐不以为然地说："不紧张啊，考试有什么好紧张的，反正考的都是我们学过的内容。就算考了没学过的内容也没关系，因为别人也没学过啊，大家一起考鸭蛋，也没什么丢人的。"听到乐乐这一套歪理，妈妈认真想想还觉得挺有道理，因而忍不住笑起来。后来，妈妈告诉爸爸："乐乐这样其实也挺好，虽然学习成绩不是出类拔萃，但是学得很快乐，内心也很健康，居然还能自己排遣压力了。"爸爸也觉得很高兴："是啊，身心健康对于孩子而言才是最重要的。"

不得不说，乐乐的情商是很高的，他的理论未必完全正确，但是却能够有效地缓解自身的压力，让自己面对学习和考试都同样坦然，这就是最大的收获。很多孩子尽管学习成绩好，但是却承受了巨大的压力，付出了心力交瘁的代价。实际上，对于孩子而言，最好的方式是边学边玩，既学到了知识，也最大限度地放松了自己。

孩子正处于身心发展的关键期，父母要做到寓教于乐，让孩子伴随着乐趣学习，不要给孩子太大压力，保持孩子的身心健康，这样才能培养孩子的高情商。

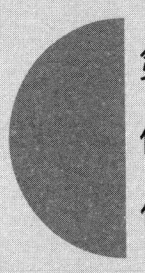

第02章
低情商束缚孩子的发展,看准低情商,有的放矢地解决问题

人生不如意十之八九,没有任何人在人生之中只有顺境而没有逆境,要想战胜逆境,最重要的就是要有高情商。从孩子成长的角度而言,低情商会让孩子表现得差强人意,也会让孩子注意力涣散,言行粗俗,甚至缺乏责任心,还会让孩子因人缘太差陷入孤独之中等。总而言之,低情商会束缚孩子的发展,父母一定要重视对孩子开展情商教育,引导孩子认知自身的情绪,在控制自身情绪的基础上,规范自己的言行举止,这样孩子才能做到有礼有节,处处受欢迎。

急躁，让一切变得一团糟

细心的父母会发现，孩子遇事往往容易急躁，这正是导致孩子情绪失控的罪魁祸首。而更糟糕的是，很多父母一旦看到孩子急躁，就马上会失去控制，甚至与孩子争吵起来。殊不知，争吵并不能解决问题，反而很有可能导致情绪失控，使事态变得更加恶劣。要想有的放矢地解决问题，最重要的在于父母一定要控制好情绪，戒骄戒躁，先静下心来观察孩子的表现，帮助孩子分析问题，接下来才能有的放矢地采取恰到好处的方式教育孩子，引导和疏通孩子的情绪。这样一来，父母既有效解决了问题，也能控制好自身情绪，给孩子树立好榜样，否则父母的歇斯底里一定会传染给孩子，导致孩子的情绪更加失控。

正如人们常说的，父母是孩子的第一任老师，孩子是父母的镜子。在日常生活中，父母与孩子之间的接触是最亲密的，所以父母一定要给孩子营造和谐民主的家庭氛围，如果父母总是争吵，孩子如何知道除了吵架之外还有更好的方法解决问题呢？此外，父母还要以身作则，为孩子树立榜样，这样孩子才可以向父母学习，也带着平静的情绪有效地解决问题。从情商的角度而言，只有高情商的孩子才能有效控制自身的情绪，如果孩子情商很低，根本无法有效控制情绪，往往会变得暴躁不安。当然，孩子表现出急躁并非是无缘无故的，首先，从很小的时候，孩子正处于语言发展的关键时期，因为思维发展的速度比语言更快，所以很多两三岁的幼儿都会出现口吃的情况。这时父母一定不要催促孩子，而要耐心地等待孩子把话说完，完整表达，否则孩子口吃的情况会更严重，而且渐渐地孩子的内心也会越来越急躁。其次，很多父母对于孩子的关心过于琐碎，因而就表现出唠叨的样子。而随着孩子不断地成长，越来越独立，必然会对父母的唠叨不耐烦，因而会表现出急躁的样子。最后，就是父母对孩子的要求过高，孩子自觉无法达到父母的要求，未免心浮气躁，也因为担心无法向父母交差而陷入恐惧之中，表现出急不可耐的样子。针对孩子表现出急躁的几个原因，父母应该有的放矢地提升孩子的情商，缓解孩子的急躁。

首先，父母应该学会放手，而不要总是像老母鸡一样把孩子保护在自己的翅膀之下。否则，孩子又如何渐渐地成长，直到独自支撑起人生的天空呢？如在孩子很小的时候，父母就要让孩子养成独立吃饭的好习惯，随着孩子不断成长，对于孩子能干的事情，父母也要尽可能给孩子机会，让他独立完成。很多父母因为觉得孩子小，还做不好很多事情，而总是为孩子代劳，但父母始终为孩子代劳，孩子怎么可能形成独立的好习惯呢？

其次，如今大多数孩子都是独生子女，习惯了衣来伸手、饭来张口的生活，根本没有遭受过任何挫折和磨难。所以，在抚养孩子的过程中，父母可以有意识地让孩子接受挫折教育，这样孩子才能渐渐形成坚韧的品质，也才能经历人生的风雨，不断成长。

最后，有些孩子之所以急躁，是因为拖延。要想帮助孩子戒除拖延的坏习惯，父母就要帮助孩子制订计划表，这样孩子才不会因为漫无目的而拖延。当孩子按部就班做好原计划的事情，他们就不会再急躁了。当然，戒掉拖延的坏习惯并不容易，父母与其等到孩子养成拖延的坏习惯再去戒除，不如从小就引导孩子有计划，有条理地做事情，这样孩子一定会更加从容地成长。

总而言之，急躁并不能切实有效地解决问题，为了不使事情变得糟糕，父母在平日就要耐心对待孩子，并且多多用心观察孩子，从而及时有效地缓解孩子的急躁心情。当孩子出现急躁的表现时，父母不要急于指责孩子，而要认真观察孩子，体察孩子的内心，从而引导和疏通孩子的情绪，这才是彻底的解决之道。唯有父母给予孩子耐心，孩子才能渐渐地克服急躁的坏情绪，从而驾驭自己的情绪，成为情绪的主宰，真正拥有高情商，在人生之中游刃有余，如鱼得水。

彬彬有礼，才能收获友谊

随着不断地成长，孩子尽管渐渐地具备了辨别是非的能力，但是因为人生经验的局限，他们并不能完全明辨是非。尤其是身边人的很多言行举止，都会给孩子带来影响。孩子正处于很多观念、意识形成的关键时期，父母一定要谨言慎行，尤其注意不要在孩子面前污言秽语，否则，一旦给孩子留下恶劣印象，就会影响孩子的人际交往。

有人说，父母是每个人都要穷尽一生去努力做好的伟大事业。的确，从新生儿呱呱坠地开始，父母就面临着重大的考验，他们要拼尽全力才能照顾好婴儿的吃喝拉撒，让婴儿一天天成长。然而，随着孩子不断成长，父母才意识到照顾孩子的吃喝拉撒并非最难的，最难的是监护孩子的成长，关注孩子的身心健康，让孩子幸福快乐，顺利融入人群之中。

有些年轻的父母原本喜欢过夜生活，但随着孩子的到来，不得不戒掉这个不良的生活习惯，和孩子一起早睡早起；还有些父母喜欢抽烟喝酒，随着孩子的到来也彻底戒掉了。这些显而易见的坏习惯是容易戒除的，最让父母抓狂的是，哪怕孩子听不懂他们说话，他们也必须改掉说脏话的坏习惯，文明用语，因为孩子正瞪着纯真的大眼睛看着他们呢！总而言之，为人父母，也就是为人师长，父母除了要照顾好孩子的吃喝拉撒，还要对孩子的成长和学习等方方面面负责，绝不要给孩子树立坏榜样。

最近这段时间，依依每天回到家里都一副闷闷不乐的样子。妈妈很纳闷，便问依依："依依，你怎么不开心呢？有什么事情可以告诉妈妈呀！"依依告诉妈妈："妈妈，小朋友们都不喜欢和我玩。"妈妈很惊讶："为什么？你以前不是有好几个好朋友吗？"依依毫不迟疑地说："不知道。"妈妈看着依依闷闷不乐的样子很心疼，决定问问老师相关的情况。

老师告诉妈妈："最近，很多小朋友的确不喜欢和依依玩了，因为依依不知道为何突然喜欢骂人，而且骂的都是很难听的话。"妈妈更惊讶了："依依骂人？她骂什么了？"老师不好意思复述依依的话，只能委婉地对妈妈说："就是很难听的话，我说不出口，就像农村的很多泼妇骂人的话。"妈妈简直难以想象依依居然会那么粗俗地骂人，在妈妈的印象里，依依特别生气的时候，会恶狠狠地骂"你个臭屁啊，你个大臭屁啊"，除此之外，依依就不会说其他脏话了。听了老师的话，在周末依依和小区里其他孩子一起玩耍的时候，妈妈很用心地观察依依，果然听到依依生气地骂小朋友："傻x！"妈妈当即把依依叫到一旁，质问依依为何要这么骂人。依依委屈地哭着说："我听见张奶奶就是这么说的。"张奶奶是依依奶奶的好朋友，每次奶奶带着依依出来玩，都会让依依和张奶奶的孙子一起玩，而自己则和张奶奶聊天。妈妈恍然大悟：一定是奶奶和张奶奶聊天的时候，听到了张奶奶说的脏话。

回到家里，妈妈告诉奶奶带着依依的时候，一定不要和张奶奶接触。然后，妈妈语重心长地教育依依："依依，你说的话是非常难听的骂人的话，如果你再这么说小朋友，小朋友会全都不喜欢和你玩，你就只能一个人留在家里了。而且，说脏话的小朋友也不是好孩子，依依是好孩子，依依不说脏话，好不好？"依依很困惑："这个脏话很严重吗？"妈妈点点头，说："非常严重。如果你继续说脏话，就没有任何朋友，如果你不再说脏话，你就会再次拥有朋友。你喜欢一个人待着吗？"依依摇摇头。自从这次与依依谈过之后，妈妈就开始刻意弱化依依说脏话的行为，每当依依不小心说脏话时，全家人也都充耳不闻。果然，经过一段时间之后，依依彻底把脏话忘记了，又变成了彬彬有礼、处处受人欢迎的乖巧女孩。

孩子的模仿能力是很强的，无意间听到的一句脏话，他们也许会记很久，而且将其为自己所用。其实，有些孩子并不完全知道脏话代表的恶毒含义，只是觉得说脏话很好玩，是一件非常酷的事情。事例中，依依妈妈的行为很果断，那就是先隔离依依与脏话的来源，然后再让全家人都淡化依依对于脏话的印象，不要在依依说脏话的时候有过激反应。如此一来，依依就慢慢恢复到健康的语言环境中，自然而然就忘记了脏话。

需要注意的是，很多父母一旦发现孩子说脏话，就总是强调让孩子"不要说脏话"。殊不知，对于脏话，孩子并没有深刻的意识，而且大多数孩子在听到否定句时，往往会产生逆反心理，反而导致说脏话更加严重。在这种情况下，父母一定要更加理性地对待孩子说脏话的行为，采取恰到好处的方式对待孩子，尤其是要及时净化孩子的语言环境，而不要过分强调，以免事与愿违。

语言是思想的外衣，孩子拥有高尚的思想，才能拥有纯净的语言和高雅的举止。思想和行为之间是相辅相成的关系，孩子一定要拥有高情商，才能行为得体、言语宽和，也才能拥有好人缘。

培养孩子的责任心

孩子的责任心并非是天生的，大多数父母都羡慕别人家的孩子有责任心，却不知道自己的孩子为何缺乏责任心。每当看到孩子凡事都漠不关心，只关心自己的模样，父母往往很失望。特别是看到孩子在犯错之后只是一味地推卸责任时，父母更是恨铁不成钢。殊不知，孩子缺乏责任心，自身也是非常苦恼的，因为缺乏责任心，他们做起事情来总是拖拖拉拉，而且一不小心就会犯下各种各样的错误，还会因为缺乏毅力而无法坚持下去。最终，他们的自信心将受到极大的打击。

相比这些缺乏责任心的孩子，有责任心的孩子做起事情来绝不拖泥带水，而是拥有很强的执行力。他们非常自信，不但有决心，而且也有能力。但是这样的孩子并非天生就拥有这样的能力，相反，是父母对他们的栽培，才使他们变得越来越独立，越来越自信，也更加果敢和坚韧不拔。由此可见，在家庭教育中，父母一定要有意识地培养孩子的责任心。

思思是个很有责任心的女孩。每次班级里组织活动，尽管思思不是班委，却都尽力为同学们服务。因而在竞选劳动委员时，思思以很高的票数当选。成为劳动委员的思思，把班级里的劳动工作安排得很好。然而，有一天思思发烧了，向老师请了假，没去上学。恰逢当天要大扫除，为此，思思准备，请老师帮忙安排大扫除的事宜。

得知思思的想法后，爸爸引导思思："思思，老师对你之前安排大扫除的事情满意吗？"思思说："嗯嗯。老师非常满意。"爸爸说："既然这样，我觉得你还可以做得更好，如今天的大扫除。"思思说："但是我请假了呀！"爸爸启发思思："妈妈前段时间因为生病也请假了，但是她一点儿都没耽误工作，所以她才能总是当选优秀员工呢！"思思脑中灵光一闪："那么，我也可以安排好大扫除的事情，然后你发给老师，好吗？"爸爸点点头，说："这样才是真正的尽职尽责，相信老师也会很赞赏你的行为。毕竟此前都是你安排大扫除，没有必要再让老师辛苦。"思思点点头，当即拿出纸和笔，开始安排下午的大扫除事宜。老师对于思思的表现给予了极高的评价，还号召同学们都向思思学习呢！

思思原本就有责任心，不过爸爸要做的是提升思思的情商，增强思思的责任心，所以爸爸以妈妈生病请假也不耽误工作的事例引导和启发思思，最终让思思自己说出在家里安排大扫除的提议。相信经过这件事情之后，思思再遇到类似的情况，思维就不会受到局限，而是能够想办法克服困难，完成自己的分内之事。

责任心的增强，绝不仅仅有助于孩子学习，更有助于孩子生活的方方面面。其实，在家里，父母有很多机会培养孩子的责任心。例如，当父母辛苦工作一天回到家里，可以装作漫不经心地说："哎呀，累死了，腰酸背痛，要是有人给我捶捶背就好了！"当孩子听到这句话时，也许会主动给父母捶背。如果孩子无动于衷，父母也可以继续引导孩子："你可以给我捶背吗？"一开始，父母不要对孩子要求那么高，觉得孩子就应该有眼力见儿，能够主动给自己捶背。殊不知，好孩子都是教出来的，都是练出来的。如果孩子自己看不到机会锻炼，那么父母就可以和孩子明说，让孩子把握机会锻炼。总而言之，父母一定要寻找各种机会培养和提升孩子的责任心，渐渐地，孩子的情商就会越来越高，孩子也会拥有更强的责任心，在生活与学习中有更好的表现。

孩子不是小霸王，要谦逊有礼

现在的孩子大多是独生子女，因而总是得到父母，长辈的宠溺和骄纵，所以越来越多的孩子成为家里的小霸王，在家里处处称王称霸。殊不知，父母即使再怎么爱孩子，也不可能永远陪在孩子身边。明智的父母在养育孩子的过程中，会渐渐地引导孩子走向独立，也教会孩子如何融入小圈子里，与更多人友好相处。

不会分享的孩子，不管走到哪里，都是不受欢迎的。尤其是很多孩子非常霸道，不但把自己的认作是自己的，还把别人的也认作是自己的。有些年幼的孩子在家里霸道惯了，进入幼儿园，也会觉得一切东西都归自己所有，还会抢别人的东西。不得不说，这是非常糟糕的行为表现，会让孩子被他人嫌弃，无法受到他人的欢迎。当然，孩子并非生来就会分享，也并非生来就自私。父母在教养孩子的过程中一定要多多引导孩子，让孩子习惯于分享，也感受到分享带给自己的双倍快乐，这样才能让孩子真正爱上分享。

有一天，家里来了小客人豆豆，一开始，甜甜还向豆豆问好，但是当发现豆豆要玩她的玩具、吃她的零食时，甜甜突然发起飙来，无论如何也不愿意把玩具给豆豆玩耍，更不同意把在卧室里零食分享给豆豆。看着甜甜发飙的样子，妈妈觉得很尴尬，赶紧把甜甜抱起来走进卧室，想尽办法哄甜甜同意。

妈妈问甜甜："上个星期，你也去豆豆姐姐家里玩了，豆豆姐姐是不是把她的玩具给你玩了，还把她最爱吃的脆谷乐也给你吃了呢？"甜甜点点头。妈妈继续说："现在，你把你的玩具和零食，也和豆豆姐姐分享，好不好？这样豆豆姐姐才喜欢你，你和豆豆姐姐才是好朋友啊！"甜甜一听妈妈这么说，又开始哭起来。妈妈无奈之下只好威逼利诱甜甜："如果你同意把玩具和零食与豆豆姐姐分享，妈妈就给你买更多玩具和零食，好不好？"然而，这些办法都无济于事。妈妈尴尬极了，只好把甜甜和豆豆分开，然后偷偷拿着甜甜的玩具和零食分享给豆豆。

事后，妈妈意识到甜甜不愿意分享的严重性，当机立断改变甜甜不愿意分享的情况，每当有了好吃的，妈妈再也不全都留给甜甜吃，而是和甜甜一起分享。渐渐地，甜甜爱上了分享，每次有了好吃的都会先让爸爸妈妈品尝，然后自己才吃。在幼儿园里，甜甜的人缘也越来越好，总是能够得到小朋友们的欢迎和喜爱。

很多孩子都和甜甜一样，愿意分享别人的东西，却不愿意与人分享。他们或者是因为习惯了独享一切才排斥分享，或者是因为原本就很自私，不愿意与他人分享。但不管出于哪种原因，如果孩子养成自私自利的坏习惯，未来就无法融入群体之中，更不可能与他人友好和谐地相处。

在教养孩子的过程中，父母要营造民主和谐的家庭氛围，让孩子感受到家庭里的每一个成员都是平等的。例如，有的父母总是以孩子为中心，不管是有好吃的还是好玩的，都马上给孩子。还有的父母总是无原则地满足孩子的一切需求，对孩子有求必应，渐渐地，孩子就会变得越来越骄纵。明智的父母会理性对待孩子，与孩子分享美食，也与孩子分享快乐与忧愁，不知不觉间就帮助孩子养成了爱分享的好习惯。

为了让孩子对他人宽容，有爱心，父母还要为孩子营造充满爱的环境，引导孩子感受到来自外界的温暖。例如，有心的父母可以利用孩子过生日的机会，让孩子邀请同学、朋友一起庆祝生日，并且把礼物分发给前来参加生日宴会的人。每当家里有了好吃的水果或者点心，父母也可以对孩子"委以重任"，让孩子亲手分发这些水果或者点心。随着这样练习的次数越来越多，孩子一定会爱上分享，也会感受到分享给自己带来的加倍快乐。

让孩子学会同情他人

如今,大多数孩子都是独生子女,从小习惯了衣来伸手、饭来张口的生活,因而渐渐地形成了以自我为中心的思想意识,在考虑问题的时候,很少能够为他人着想,也很少能够真正为他人解除忧虑。实际上,让孩子学会同情他人,对于孩子的人际关系发展是非常重要的,而且拥有同情心的孩子也将会终生受益。

在学校里,总有些孩子喜欢幸灾乐祸,一旦看到同学犯错误,他们第一时间不是想着如何帮助同学解决难题,走出困境,而是马上找到老师打小报告。在老师惩罚犯错误的同学之后,他们更是得意扬扬,表现出小人得志的样子。这样的孩子也许自己很小心,会最大限度地避免犯错,但是父母依然要对他们有足够的警惕,多多关注他们的内心发展动态。因为这些幸灾乐祸、冷漠而又缺乏同情心的孩子,思想很容易扭曲。

一直以来,静静与同桌小雪的关系都不是很友好。这一天,静静突然发现小雪的眼眶红红的,不由得高兴起来,暗暗想道:让你平日里趾高气扬,这下子好了,你也有今天。下课的时候,静静还和几个要好的女生在一起讨论小雪的情况,她们有的猜测小雪考试没考好,有的猜测小雪是不是失恋了。总而言之,几个女生都带着幸灾乐祸的心态。

一个偶然的机会,静静得知小雪的爸爸妈妈离婚了,她很是幸灾乐祸,赶紧去把这个"好消息"告诉好朋友。渐渐地,事情传到小雪耳朵里,小雪知道同学们在背后议论她,不由得伤心地哭起来。老师看到小雪糟糕的状态,追查了很多同学,最终查到了静静的头上。老师批评静静："静静，你为何要在背后议论小雪呢，你难道不知道小雪原本已经非常痛苦了吗？"静静不以为然："小雪平日里可骄傲了呢，这下子可骄傲不起来了。"老师很生气："静静，你现在还在幸灾乐祸。你知道对于孩子而言父母离婚意味着什么吗？你如果不能体会小雪的感受，那么我可以教你一个办法，就是现在你设想自己的父母离婚了，你既不能下决心跟着爸爸，也不能下决心跟着妈妈，你很希望爸爸妈妈在一起，你还有一个完整的家，但是你什么也做不了，什么也不能挽回。你会是什么感受？你能想象没有爸爸或者没有妈妈的生活吗？"老师一连串的提问把静静带入父母离婚的情境中，静静的眼眶当即红了，她哽咽着说："老师，我不想失去爸爸，也不想失去妈妈。"老师语重心长地对静静说："你现在知道小雪的感受了吗？小雪已经很痛苦了，你应该同情小雪，帮助小雪，而不要总是幸灾乐祸，还和其他同学一起嘲笑小雪，好吗？"静静重重地点点头，说："老师，我知道了，我以后一定注意，我再也不在背后说小雪了。"

　　孩子为什么喜欢幸灾乐祸呢？归根结底，是因为他们内心的冷漠，此外，他们也缺乏对他人的共情。为了帮助孩子改变幸灾乐祸的心态，父母首先要帮助孩子建立道德观念。当然，孩子还小，也许不能很好地理解道德，为此，父母可以带着孩子做游戏，或者为孩子讲故事，这对于培养孩子的道德观念会起到潜移默化的作用。其次，父母要培养孩子的同情心。例如，在日常生活中遇到有人需要帮助，父母要提醒孩子给予对方力所能及的帮助。除了对待人要有同情心之外，还要让孩子关心小动物、植物等。最后，为了避免孩子对他人幸灾乐祸，最重要的在于提升孩子的辨识能力，让孩子知道他所嘲笑的人是他的同学、朋友，而不是坏人。在此基础上，再引导孩子设身处地为他人着想，以换位思考的方式实现对他人的感同身受，这对于提升孩子的同情心和共情能力都是很重要的。总而言之，孩子并非生来冷漠，也不是生来就具有同情心的，在孩子成长的过程中，父母一定要多多引导和启发孩子，孩子才会拥有更深刻的感触，也才不会对他人的灾难无动于衷。

帮助孩子远离抱怨

众所周知，抱怨非但不能解决问题，反而会让负面情绪不断累积，导致事与愿违。然而，抱怨的坏习惯一旦养成，就会使人眼睛里只看到悲观消极的一面，而无法看到积极乐观的一面。为了帮助孩子远离抱怨，父母应该未雨绸缪，引导孩子形成积极的心态，而不要让孩子总是沉浸在抱怨的负面情绪中无法自拔。假如孩子从小就喜欢抱怨，不管遇到什么事情都消极对待，而且父母也从未意识到孩子爱抱怨的负面作用，从不重视帮助孩子改变爱抱怨的坏习惯，那么孩子的内心就会积累更多的负面情绪，甚至导致内心不堪重负，最终怨天尤人地度过人生。

每个人在人生之中都会遇到各种各样不顺心的事情，与其花费宝贵的时间和精力用于抱怨，不如努力调整好自己的心态，让自己能够控制好情绪，保持情绪稳定。很多恶性的事件都是情绪激动才导致的，要想让孩子拥有充实的人生，父母一定要引导孩子控制情绪，帮助孩子驾驭情绪，从而避免孩子因为怒不可遏做出过激的举动，导致严重后果。

在生活中，情商低的人总是喜欢抱怨，这是因为他们在面对人生的困境时总是束手无策，根本想不出任何办法来解决问题。而情商高的人恰恰相反，他们知道人生之中有很多不如意，也知道自己只有积极乐观地面对人生，拥抱人生，感恩生命，才能得到命运的眷顾。父母要想培养和提升孩子的情商，在孩子抱怨的时候，就一定要引导孩子学会宣泄情绪，然后采取卓有成效的方法来解决难题，摆脱困境。总而言之，不管是对孩子而言，还是对成人而言，爱抱怨绝非好习惯，更不是积极的人生态度。

为了改变孩子爱抱怨的状态，父母要做到以下几点。首先，让孩子拥有一颗感恩的心。如今很多人都缺乏感恩之心，尤其是已经习惯了从父母处索取的孩子，更是在一味地向父母索取的过程中，渐渐变得贪婪和不知足。孩子唯有拥有感恩之心，才能彻底戒除抱怨，而对于自己所拥有的一切都心怀感恩，满心欢喜。其次，赠人玫瑰，手有余香。为了帮助孩子戒除抱怨，父母还要引导孩子多多付出。让孩子帮助比自己弱小的人或者有需要的人是让孩子感受付出乐趣的好方法。对于孩子那些不玩的玩具或者书本等，父母还可以带着孩子一起收拾整齐，捐赠给需要的地区或者孩子。在持续帮助他人的过程中，孩子会感受到助人为乐的快乐，也会爱上付出。再次，为孩子营造幽默乐观的家庭氛围，让孩子爱上幽默。每当孩子因为各种事情而抱怨的时候，父母不要一味地指责孩子，因为父母的指责也是一种变相的抱怨。最好的办法是说些幽默的话，转移孩子的注意力，渐渐地，孩子就会在愉快的氛围中爱上幽默，拥有开朗的心境。最后，表达对孩子的爱。一直以来，中国的家庭受到传统观念的影响，并不善于表达爱。要想让孩子不抱怨，父母除了给孩子指出错误、偶尔苛责孩子之外，也要经常表达对孩子的爱。只有在爱与自由的环境中，孩子才不会误以为父母只会挑剔和苛责他们，而会意识到父母在发自内心地爱与赏识他们。在爱与自由的环境中成长的孩子，不会一味地抱怨，因为他们心中有爱，也有希望的光。

当然，不管采取怎样的方式帮助孩子远离抱怨，乐观开朗，最根本的就在于父母一定要与孩子进行及时有效的沟通。沟通，是人际交往的桥梁，是人与人之间心意相通的唯一方式和渠道。在日常生活中，父母不要对孩子实行"一言堂"的管教，而要更加虚心地听取孩子的意见，及时关注和洞察孩子的心理发展与变化情况。与此同时，父母还要为孩子树立积极的榜样，自身也要积极乐观，远离抱怨，给予孩子好的影响力和作用力。人们常说，孩子是父母的镜子，那么面对爱抱怨的孩子，父母第一时间就要反省自己，这样才能及时改进自己，避免孩子产生更加消极的影响。

叛逆的孩子最爱唱反调

随着青春期的到来，孩子变得越来越叛逆，这是因为自我意识的深度觉醒，让他们更加渴望独立自主。如此一来，矛盾的青春期应运而生，一方面，孩子的认知能力越来越强，另一方面，孩子的心理还不够成熟，这使得孩子看上去像大人，实际上内心还很稚嫩，对于事物的认知也无法做到深入透彻。在这种情况下，孩子们很容易陷入矛盾的心理状态，也因此表现出叛逆的行为。所谓叛逆，顾名思义，就是不符合正常的规律而表现出异样。

当然，每个孩子的脾气秉性都是截然不同的，这也注定了每个孩子的青春期叛逆的表现各不相同。有的孩子会对社会上的一些现象表现出叛逆，有的孩子则完全与老师和父母对着干，肆无忌惮与老师和父母唱反调。有些孩子的情况更严重，他们不愿意接受任何说教，反而对于同龄人的很多负面表现和行为持赞同态度。不得不说，孩子的叛逆思想和行为是很危险的，也会给孩子的成长带来很多阻碍和负面力量。

在青春期，孩子出现叛逆行为是很正常的，这是由孩子的身心发展规律决定的。父母既无须对孩子的叛逆行为过于紧张和恐惧，也不要对孩子的叛逆行为置之不理，因为这个阶段的孩子最需要的是父母正向的引导，否则很容易误入歧途，甚至影响人生的发展。不管孩子属于哪一种叛逆类型，父母都要坚持对孩子进行思想教育。当然，当孩子对思想教育有抵触的表现时，父母就要认真思考，找到合适的方式对待孩子。需要注意的是，父母既不要对孩子的叛逆行为无动于衷，这会让孩子变本加厉，也不要信奉"棍棒底下出孝子"，以暴力惩罚来压制孩子的叛逆。这种极端的方式也许能暂时降服孩子，但是无法让孩子心服口服，最终只会导致孩子彻底爆发。

在与孩子进行沟通的时候，很多父母都不讲究方式方法，总觉得孩子是自己生养的，自己有权利对孩子指手画脚。实际上，从孩子脱离母体的那一刻开始，就真正成为一个独立的生命个体，他们有自己的思想意识，也会做出自己的行为。所以在与孩子进行沟通的时候，父母切勿使用命令的口吻强制要求孩子，更不要违背孩子的意愿，让他们做不想做的事情。父母一定要尊重孩子，真正做到平等对待孩子，这样才能与孩子实现真正的双向沟通。父母既要向孩子表达自己的想法，也要倾听孩子的倾诉，了解孩子的想法，这样才能为解决问题奠定基础。

当与孩子在沟通过程中发生分歧时，父母要特别关注青春期孩子的叛逆心理，也了解叛逆的特点。对于叛逆的孩子而言，越是父母反对的事情，他们越要做。因而父母如果不想让孩子做什么事情，先不要否定孩子，否则只会让孩子变本加厉，想法固执得九头牛也拉不回。如果父母能够调整思路，改变方式，先肯定孩子的想法和做法，然后再以恰当的方式表示担忧，则更能让孩子理性思考。总而言之，叛逆期的孩子就像是一头倔强的小牛，父母要想真正征服孩子的心，与孩子实现心意相通，就一定要尊重和了解孩子。否则，一旦叛逆的孩子彻底关上心扉，沟通的途径也就被切断了，当然不可能实现顺畅的沟通了。看到这里，相信明智的父母都知道如何与叛逆的孩子相处了吧？打开心与心的通道，实现顺畅沟通，得到孩子的信任，才能让叛逆的孩子主动与父母交好，愿意向父母敞开心扉。

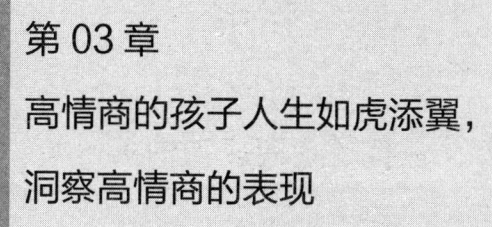

第03章
高情商的孩子人生如虎添翼，洞察高情商的表现

高情商的孩子总是表现突出，也能够得到老师和父母的赞赏与鼓励。他们在学习上进步显著，在人际关系方面如鱼得水，在生活中也有很强的独立能力。他们方方面面都很优秀，哪怕在人生路上遭遇艰难坎坷，也能够超越困境，这一切都是高情商的魅力。

自律力，是孩子走向成功的第一步

每个人最大的敌人就是自己，一个人如果能够战胜自己，就能战胜整个世界。在培养孩子情商的过程中，父母首先要让孩子具备的优秀品质，就是自律力。顾名思义，自律力就是孩子掌控和管理自己的能力，每个孩子从呱呱坠地要依靠父母的照顾而生存，到能够独立自主，主宰自己的人生，这期间有漫长的道路要走。而拥有自律力，恰恰是孩子走向成功的第一步。

为了研究自律力对人的影响，美国一位大名鼎鼎的心理学家，专门针对很多实验对象进行了自律力的测试。实验的内容是用美食诱惑实验对象，告诉实验对象他们面前的美食只有到下一场实验才能享用，而很多实验对象都没有经受住美食的诱惑，吃了一部分美食。实验结果显示，这部分无法经受美食诱惑的实验对象，在以后的生活中表现差强人意。这个实验结果告诉人们，唯有高情商的人才能在艰难的境况中坚持下去，而低情商的人哪怕面对小小的困难和阻碍，也会因为侥幸心理的影响轻易放弃。由此可见，拥有自律力的人才能在艰难的环境中能够坚持下去，更容易获得成功。

现代社会，绝大部分父母都望子成龙，望女成凤，每一对父母都渴望自己的孩子能够出人头地。然而，要想让孩子接近成功，最重要的在于培养孩子的自律力，让孩子养成自我管理的超强能力。和外界的管理力量不同，自律力是由内而外的自我管理力，对于孩子的成长将会起到长期的激励作用，也会对孩子的人生产生重要的影响。

当然，孩子的自律力并非与生俱来的。在日常生活中，父母要教会孩子自己的事情自己做，让孩子做力所能及的事情，渐渐地孩子才会养成有始有终的好习惯，从而坚持把每一件事情都认真完成，做到最好。

当然，对于年幼的孩子而言，一味地说教显然无法让孩子真正具备自律力。对此，父母可以采取很多种方式让孩子具备自律力。例如，可以以做游戏的方式让孩子承担艰巨的任务，从而激励孩子排除困难，完成任务。再如，可以在家务劳动中给孩子分配一定的工作，让孩子觉得自己是家庭的一分子，是家庭的小主人，这样孩子才会更加具有主人翁意识，也意识到自己肩上的责任。如果觉得这些方式都过于正式，功利性也太强，不适于幼儿，那么还可以编写儿歌给孩子唱，让孩子在潜移默化中意识到自己的责任。

总而言之，培养孩子自律力的方式多种多样，父母一定要洞察孩子内心的情绪和节奏，这样才能教育孩子更加积极向上。当孩子拥有自律力，他们甚至不需要外界的力量就能管理好自己，这种主动自发的力量，是比外界的力量更强大、更持久的。

一杯牛奶的故事

如今，很多孩子都缺乏分享的意识，而更多地表现出自私。其实，学会分享，对于孩子的成长有很大的好处，这是因为一份快乐通过分享，会变成双倍的快乐；一份痛苦通过分享，则会变成一半的痛苦。所谓赠人玫瑰，手有余香，分享不但可以帮助他人，也能让自己收获快乐。毋庸置疑，乐于分享的人都是拥有高尚品质的人，也是拥有高情商的人。他们很清楚分享的意义，也更愿意与他人分享自己的快乐。

很多世界著名的大富豪都很喜欢做慈善，这是因为分享让他们感受到比赚钱更大的快乐。如微软的比尔·盖茨，就很喜欢把自己的研究成果与他人分享，正因为如此，他才能拥有大量的财富。而且，他还用财富帮助那些需要帮助的人，从而让自己的财富在全世界范围内生根发芽，与此同时，他也获得了世人的尊重。从本质上而言，分享是一种付出，是不计回报的奉献，然而分享的人会收获更多，包括快乐、赏识等，这些都是无论花多少钱也买不来的至高无上的荣誉。

很久以前，有个男孩在冰天雪地里行走。他从早晨离开家门到下午，既没有推销出去一件商品，也没有吃任何的食物，更没有喝水。鹅毛大雪，寒风肆虐，他又冷又饿，心灰意冷。原本，他是想利用寒假的时间推销商品，为自己赚取大学学费，然而这样寒冷孤寂、毫无收获的一天，让他绝望透顶，他甚至暗暗告诉自己：我不上学了，都快饿死的人了，有什么资格求知若渴呢？

男孩努力地走着，来到一户人家门前。他迟疑地敲门，过了很久，一个女孩才打开门。男孩看着女孩，胆怯地说："您好，可以给我一杯水吗？"女孩从男孩狼狈的模样中看出他一定又饿又冷，因而赶紧快步走回屋子里。过了很大一会儿，女孩才回来，她给男孩带回来一大杯热腾腾的牛奶。男孩很忐忑，因为他知道自己的口袋里只有很少的钱，根本不够支付这杯牛奶。他小心翼翼用双手捧着牛奶杯子，感受着牛奶的温度，慢慢地，一口一口地喝着牛奶。良久，男孩喝完牛奶，问女孩："请问，这杯牛奶多少钱？"女孩笑着摇摇头，说："不要钱。我奶奶说，赠人玫瑰，手有余香，帮助别人是不需要回报的。"正是这杯牛奶，温暖了男孩的心，让他绝望的心再次升腾起希望。

若干年后，当年的女孩已经成为妇人，身患怪病，在本地治不好，就去了大城市的知名医院。妇人的病情很棘手，为此医院里组织相关部门的专家进行会诊。大名鼎鼎的爱德华医生也参加了会诊，然而，在看到病例上病人的居住地时，他不由得怦然心动，当即跑到妇人的病房。果然，在这个妇人脸上，爱德华医生看到了这么多年来始终萦绕在他心头的女孩的模样。爱德华医生拼尽全力，治好了妇人的病。到了出院的时候，看着护士拿来的出院结算单，妇人胆战心惊，她不知道自己倾尽所有能否结清这次治疗的费用。然而，当看到结算栏时，她赫然看到上面写着："一杯牛奶。爱德华医生。"妇人的眼泪夺眶而出，心中溢满了温暖。

对于男孩而言，如果当年没有女孩那杯热腾腾的牛奶，也许他就无法鼓起勇气战胜困难，读完大学。对于女孩而言，在给男孩一杯牛奶的时候，她从未想过有一天自己会来到这家医院，由男孩亲自治疗。然而命运就是如此神奇，付出的善念总会变成各种形式的能量，环绕在我们身边。

与人分享，能培养孩子的感恩之心，让孩子对世界充满爱。没有父母愿意看到孩子自私冷漠，也许爱分享的孩子未必能够得到他人的回报，但是在乐于助人的同时，孩子得到的快乐和满足已经是最大的回报了。在教养孩子的过程中，父母一定要教会孩子分享，在家庭生活中，更要处处充满分享。当孩子认为分享是人生中正常的表现和行为，那么孩子就会更加发乎本心，自然而然地分享。赠人玫瑰，手有余香，当赠送给他人的玫瑰越来越多，孩子的内心也会充满芬芳。

宽容他人，就是宽宥自己

很多人都喜欢大海，是因为海的胸怀博大，能够容纳百川。然而，海为何能够容纳百川呢？是因为海把自己放得很低，从不自高自傲，更不会因为自己的博大而目中无人。做人也要和大海一样，把自己看得低一些，既不自轻自贱，也不自傲自大，而是坦然接纳自己，宽容他人。偏偏现实生活中有很多人小肚鸡肠，总是为很多不值一提的小事情斤斤计较，最终不但扰乱了自己的心绪，也破坏了人际关系，让人际关系变得紧张。

古人云：将军额上能跑马，宰相肚里能撑船。这句话尽管有些夸张，但是却告诉我们很多伟大的人都有博的胸怀，都非常宽容，拥有大肚量。的确，人生不如意十之八九，一个人不但要学会宽容自己，更要学会宽容他人，还要学会悦纳人生。如果因为小小的事情就过不去坎，那么归根结底会陷入困境，自己囚禁自己。

在人际交流中，不同的人脾气秉性不同，各种观点也不相同。当与人有分歧的时候，心胸狭隘的人总是与他人争执不休，最终毫无结果。而心胸宽广的人，却能够对无所谓的争执一笑置之，从不会苛求他人认可自己的观点。这个世界，正是因为有了各不相同的人，才会五彩斑斓。人与人之间的相处之所以妙趣横生，就是因为每个人都有自己的观念和思想。人际交流在不同思想和观念的碰撞与融合之中，变得水乳交融，生动有趣。也可以说，宽容是做人的基本素质，更是把事情做成功的必备要素。只有宽容的人才能更好地融入整个世界，才能更加坚定地立足于社会。所以在教养孩子的过程中，父母一定要更加用心，让孩子得以健康全面地发展，也让孩子养成宽以待人的好习惯。

很久以前，有两个朋友结伴旅行。他们来到了沙漠里，因为一件小事情，甲狠狠地打了乙。乙生气地把这件事情写在沙地上：今天，甲打我了。后来，他们继续结伴而行，在经过好几天的艰难跋涉后来到海边，他们不约而同地扑进清凉的海水里。然而，乙的腿抽筋了，沉入海水中。甲见状马上去救乙，好不容易才把乙救上来，自己也累得气喘吁吁，瘫软在沙滩上。乙恢复之后，马上拿着刀去坚硬的岩石上刻下：今天，甲救了我的命。

看到乙的行为，甲很奇怪，问道："岩石那么硬，你为何不写在沙滩上呢？"乙回答："你打了我，是因为一件小事，不值得记住，写在沙地上，风吹过，不留任何痕迹。你救了我，我应该铭记一生，所以要刻在坚硬的岩石上，永远不磨灭。"听了乙的话，甲非常感动，后来，他们成为好朋友，亲密无间，再也没有任何隔阂。

曾经，有位名人说过，生气是用别人的错误惩罚自己。还有位名人说过，一个人如果不肯原谅他人，实际上就是把自己逼入绝境。人非圣贤，孰能无过。人人都会犯错误，也都需要踩着错误的阶梯不断前进。一个人只有宽容他人的过错，给他人留下余地，保全他人的颜面，才会得到他人的尊重、宽容和善待。

然而，孩子还小，还没有形成正确的人生观、价值观等。对于孩子而言，既然要宽容，就一定要确定宽容的界限，毕竟宽容不是无限度地纵容，也不是委曲求全和忍辱负重。这一点，是孩子需要认真区分的。宽容他人，是原谅他人对自己的错误，而不是纵容他人的错误，否则就不是宽容他人，而是害了他人。所以在教育孩子的过程中，父母一定要把握好合适的度，这样才能做到宽容有度。

保持冷静，才能避免迷失自己

人生之中的很多事情并不会按部就班，更不会按照人们的计划进行下去。除了命运的故意捉弄之外，很多情况下，人们还会遭遇突如其来的打击，甚至为此而变得紧张慌乱，一蹶不振。实际上，人生非但不如意十之八九，意外也是接踵而来。当遭遇人生中的"地震"时，每个人都要保持冷静，这样才能在危急关头坚持自我，不忘初心，绝不迷失。

这几年来，《爸爸去哪儿》这档真人秀节目非常火爆。节目中，很多娱乐明星、体育明星都带着孩子参加，也表现出自己不为人知的生活中的一面。记得在其中一期节目中，体操运动员杨威的儿子杨阳洋人气很高，也受到了许多观众的喜爱。但是在带着小狗参加比赛的过程中，因为小狗突然罢工，不愿意继续往前走了，求胜心切的杨阳洋哭着说："我不喜欢你了小狗，我再也不想来这里玩了。"从杨阳洋孩子气的话里，观众看到杨阳洋是很想赢得比赛的，也看出杨阳洋在比赛过程中失去了理智。其实，孩子表现出急躁和紧张都是很正常的，尤其是在遇到突发情况时，很多孩子都会不再淡定。每个人都是被上帝咬过一口的苹果，孩子也不例外。作为父母，在发现孩子并不像自己想象中那么完美时，最重要的不是抱怨和指责孩子，而是疏导孩子的情绪，引导孩子正确面对。

就像在《爸爸去哪儿》中，杨威引导杨阳洋遇到事情要冷静处理，杨阳洋进步很快，马上就领悟了爸爸的意思，学会了遇到突发事件时要保持镇定。后来在内蒙古拍摄期间，杨阳洋勇敢地走进羊圈，还配合牧羊人一起抓羊。

其实，孩子的可塑性是很强的，很多父母都误以为孩子能力欠缺，实际上，孩子的能力远远超出父母的想象。因此，父母不要因为对孩子的误解，就限制自己对孩子能力的发掘，而是要相信孩子，给予孩子更大的空间发展自我，面对人生。

在美国，曾经有一位父亲在砍树枝的时候不小心误伤了自己的手臂，大量失血，即将陷入昏迷。此时此刻，只有年仅3岁的女儿陪伴在父亲身边。小女孩很害怕，但是却努力保持冷静，用爸爸的手机拨通119，然后赶在爸爸昏迷之前，让爸爸说出他们所处的位置。最终，救护车呼啸而来，挽救了父亲的生命。对于父亲而言，真正救了他的是年仅3岁的女儿。

曾经有心理学家指出，人在愤怒的情况下，智商会迅速降低，甚至变为零。这其实是有道理的，因为在极其愤怒的情况下，人们根本无法保持理智，更不可能进行理性思考，这个时候如果情况危急，人们根本无法卓有成效地解决问题。所以如果父母想要提升孩子的情商，就要让孩子学会冷静面对各种危急情况，卓有成效地解决问题。越是危急情况，处理的时候就越要把握住转瞬即逝的好时机，尤其不要被危急情况困住，导致错失良机。

要想培养孩子理性处理问题的能力，父母就要培养孩子的思维能力，让孩子形成逻辑思维。因为缺乏人生经验，孩子在很多情况下不能第一时间进行正确的思考，父母可以启发孩子，从而让孩子渐渐意识到自己的错误，纠正错误的思维方式。如此一来，孩子的正确思维方式就会更加稳固，遇到问题，孩子也能够直接反应出正确的思维方式，做出正确的处理决定。

总而言之，孩子必须沉着冷静，在遇到危急情况时才能理性思考，也才能让自己的思想在正确的轨道上运行。父母要做的就是不断地提醒孩子纠正错误的思维，给孩子提供更多的机会锻炼思维能力。归根结底，孩子并非生而强大，在后天的成长过程中，父母的用心培养和教养是让孩子持续壮大的原动力。

专注力，是成功的基石

古人云，滴水石穿，绳锯木断。这并非是因为水滴的力量无比强大，也不是因为柔软的绳子多么坚韧，而是因为专注的力量。水滴要想凿穿石头，就需要经年累月的努力，一滴一滴地滴下来，才能把石头穿透。柔软的绳子要想把木头锯断，也并非朝夕之功，而是需要持续地锯，才能让木头断开。不管是水滴还是绳子，原本都不够强大，但哪怕是微小的力量，只要坚持不懈地努力，决不放弃，最终也能够积累力量，创造奇迹。

从本质上而言，专注是一种优秀的品质；从更为本质的角度而言，专注是一种神奇的力量。专注与现代社会所提倡的工匠精神相似，都能够创造奇迹、改变命运。细心的朋友们会发现，古往今来，大多数成功者并没有得到命运的青睐，反而遭到命运的捉弄和残酷的对待，他们之所以能够获得成功，就是因为哪怕遭遇再多的坎坷挫折也绝不放弃，而是始终努力向前，绝不畏缩。所以，父母要想让孩子获得成功，就要培养孩子的专注力。孩子只有拥有极高的专注力，才能在嘈杂的社会生活中不忘初心。

培养和提升孩子的专注力，还有助于提升孩子的学习成就，为孩子将来获得成功奠定基础。通常情况下，专注的孩子能够集中所有时间和精力做好一件事情，把事情做到极致，而三心二意的孩子就像小猫钓鱼一样，必将一事无成。当然，孩子并非生而就具有专注力，父母在陪伴孩子成长的过程中，要有意识地培养孩子的专注力。例如，父母在给孩子讲故事的时候，可以循序渐进地延长讲故事的时间，这样才能不断地延长孩子的专注时间，也让孩子的专注力得以增强。其实，很多父母在无意识的状态下，都充当了孩子专注力的破坏者。例如，当孩子专心致志看蚂蚁的时候，父母会突然喊孩子回家吃饭，如果孩子无动于衷，有些急脾气的父母甚至会上去揪着孩子的耳朵，把孩子提拉回去。实际上，孩子专心致志做一件事情的时候，都是发展专注力的好时机。如果父母想让孩子在限定时间内结束游戏或者准时回家，就应该提前和孩子约定好时间，这样既保护了孩子的专注力，也不至于引起孩子的反感。

其次，很多父母对于专注力的了解都很狭隘，觉得孩子唯有专注于学习，才有助于提升专注力。实际上，孩子专注的内容涉及方方面面，而且随着年龄的不断增长，孩子还可以从专注一项事物到同时专注好几项事物。当孩子一心二用甚至三用也能把事情做好的时候，说明孩子专注的范围越来越广，也意味着孩子同一时间内处理事情的效率越来越高。

再次，为了培养孩子的专注力，父母还应该深入发掘孩子的兴趣。显而易见，对于不感兴趣的事情，孩子是很难专注的。而对于自己感兴趣的事情，孩子也许不需要非常努力和辛苦，就可以保持专注。所以如果父母发现孩子很难对某件事情保持专注，那么就要从孩子感兴趣的事情着手，这样才能事半功倍。

最后，专注力需要灵活。现代社会的生活节奏越来越快，生存压力越来越大，虽然孩子不需要工作，但是为了应付学习，孩子同样需要加快节奏。在这种情况下，如果孩子专注于某件事情，就无法从中顺利挣脱出来，那么可想而知，孩子做事情的效率会很低。如果能采取科学的方式，让孩子秩序井然地做事情，那么孩子专注力的转移就会一气呵成。例如，每天早晨起床，孩子可以先听英语，再穿衣服、叠被子、洗漱、吃饭等，然后背起书包去学校。如果孩子总是等到快要出家门的时候才想起来没有听英语，那孩子学习英语的效率会很差。由此可见，提升孩子专注力的关键在于，孩子的专注范围要广，逻辑思维要强，这样孩子才能按部就班地同时或者先后处理好很多事情，也把专注力发挥得淋漓尽致。

总而言之，专注力的形成绝非朝夕之事，父母要想提升孩子的情商，让孩子拥有专注力，除了要顺应孩子的天性，尊重孩子的兴趣爱好之外，对于那些孩子不喜欢做却又非做不可的事情，也要想方设法培养他的专注力。例如如果孩子喜欢去游乐场玩耍，而不想完成作业，那么父母可以以按时完成作业奖励去游乐场一次为筹码，激励孩子主动按时完成作业。此外，为了让孩子专注于写作业，父母还要尽量清除干扰因素，为孩子营造更加专心的氛围。如让孩子的书桌上只有学习的必需用品，而没有人多的玩具和文具，否则孩子很容易受到吸引，变得不够专注。毕竟，孩子的自制力是有限的。

专注力的养成对于孩子的学习和生活都将起到积极的作用。在家庭生活中，父母要为孩子营造动静结合的节奏，让孩子动若狡兔，静若处子，从而最大限度地培养孩子的专注力。

强烈的好奇心，让孩子畅行人生之路

好奇是孩子的天性，每个孩子都有一颗好奇心。作为父母，在教养孩子的过程中，不要为孩子好奇而感到厌烦，而要意识到好奇心是孩子学习和进步的永动力，是孩子在成长的道路上不可缺少的优秀品质。孩子如果没有好奇心，就只能被动地接受一切知识，而根本无法做到积极主动地探索和求知。反之，只有在好奇心的驱使下，孩子才能对这个世界充满强烈的求知欲，也才能以此督促和鞭策自己不断进步。

好奇心强烈的孩子，对于生活中的很多事情都感到困惑，而且不会止步于自己的困惑，而是拼尽全力努力向前，最大限度打开心扉，迎接生活的挑战。也可以说，好奇心是孩子认知世界、获取知识的驱动力，如果没有好奇心的驱动，孩子都会原地踏步。越是年纪小的孩子，好奇心越强烈。细心的父母会发现，很多襁褓中的孩子都会用嘴巴舔一舔衣服的领子，抓抓小手，到了七八个月，他们还会拿起东西四处敲击，这都是孩子在探索的表现。由此不难发现，好奇和探索是孩子的天性。随着年龄渐渐增长，孩子的好奇心也变得更为广泛。尤其是在掌握一定的知识之后，孩子更迫切地想用自己掌握的知识探索世界，这也是孩子渴求进步的表现。

为了激发和保护孩子的好奇心，父母要更多地给予孩子"刺激"。所谓刺激，就是能激发起孩子好奇心的外界事物。人类是万物灵长，主宰着整个地球，而大自然始终都是一个神秘的存在，所以父母不要以自己的浅见禁锢孩子的思维，要让孩子亲自去体验和感受。例如，当孩子很疑惑为何花瓶里的水分会变少的时候，父母不要直接告诉他答案，要引导他想一想天空中为何会下雨。也许随着孩子掌握的各种知识越来越多，父母会感到更吃力，甚至无法解答孩子的困惑。所以明智的父母会从小培养孩子阅读的好习惯，这样孩子就能从书籍中开阔眼界，拓展思维，从而找到答疑解惑的新途径。

闹闹小时候动手能力特别强，家里的小闹钟不知道被他拆坏了多少个，但是他只负责拆卸，却从来不管安装，妈妈买闹钟的速度都赶不上乐乐拆卸闹钟的速度了。为此，妈妈责令爸爸必须想出一个解决的办法，否则她就再也不买闹钟了。

　　接到妈妈交代的任务，爸爸想出了好办法。有一天，爸爸特意买了一个新的机械闹钟回来，还邀请闹闹一起拆卸呢。不过，爸爸给闹闹提出了一个要求，那就是在拆卸闹钟之前，先了解闹钟的构造，而且在拆卸闹钟的每一个步骤里，都记下零件相对应的位置，这是为了争取在拆卸闹钟之后，再把闹钟复原。看到爸爸提出这么高的要求，而且还要亲自参与，闹闹虽然觉得很难，却没有退缩。他和爸爸按照原计划认真观察闹钟的构造，而且记下闹钟每个零件相对应的位置，最终，闹闹不但成功地拆卸了闹钟，还非常成功地把闹钟又恢复原样了。从此以后，闹闹拆卸闹钟的工作就上了一个档次，他总是把闹钟拆掉，再把闹钟复原。而且闹闹还把此前拆卸的闹钟，全都摸索着安装起来了。

　　好奇心强的孩子，动手能力往往也很强。对于父母而言，当看到孩子把家里的东西拆卸得乱七八糟时，的确会很生气，但是父母一定要端正态度，不要强烈禁止孩子拆卸东西。否则，就会伤害孩子的好奇心，也会导致孩子失去探索的兴致和欲望。明智的父母会为孩子提供更多的机会，让孩子尽情地拆卸，甚至还会像事例中的爸爸一样，特意买个新闹钟陪着闹闹一起拆卸和安装呢！

　　保护孩子的好奇心，父母要做好方方面面的细节。对于孩子的十万个为什么，父母更要正面回答，正确解答。随着自我意识的不断觉醒，孩子也踏上了探索的征途，他们对于外界的一切事物都有强烈的探索意识，但因为自身的认知能力有限，所以他们很愿意在有困惑的时候向父母求助。面对孩子的疑问，父母一定不要回避，哪怕自己不知道答案，也要和孩子一起探索求知，而不要以"不知道"三个字敷衍了事，更不要训斥孩子，禁止孩子胡思乱想。当然，为了激发孩子的求知欲望，父母对于知道答案的问题也不要直截了当地回答，而要引导孩子自己寻找答案。教育的最高境界是授人以渔，而不是授人以鱼，作为父母，一定要帮助孩子开拓思维，形成发散性思维，从而让孩子学会举一反三，更深入地学习知识。

学会感恩，珍惜生命赐予的一切

民间有句俗话，叫作升米养恩，斗米养愁。这句话的意思是说，在他人遇到危难的时候，如果你给他小小的帮助，他一定会万分感激。而如果你给他很大的帮助，那么他就会索求无度，甚至因此而仇恨你。为何给得越多，反而越得到抱怨呢？这是因为人的心是贪婪的，得到得越多，奢望得就越多。

一个内心贪得无厌的人，总也得不到幸福，甚至会感到非常苦恼。只有怀着感恩之心的人，才会对自己所拥有的一切心怀感激。如今很多孩子都是独生子女，从小就习惯了衣来伸手，饭来张口，因而总是对父母索求无度。在这种情况下，要想让孩子对于自己拥有的一切感恩和知足是很难的。父母如果不想让孩子变成白眼狼，就要更加注重培养孩子的感恩之心。换一个角度而言，孩子也唯有拥有感恩之心，才能生活得更加快乐和知足。

孩子并非生而就有感恩之心，很多父母对孩子有求必应，渐渐让孩子的胃口变得越来越大，最终让孩子索求无度的人。明智的父母会拼尽全力地爱孩子，却不会倾尽所有地给孩子。随着孩子不断的成长，他们还会引导孩子努力争取，依靠自己的力量去改变一切。孩子只有在亲自付出和努力之后，才能意识到人生中的很多得到都是命运的馈赠，都是父母拼尽全力才为他们提供的，而并非凭空得到的。这样一来，孩子才会更加理解父母的苦衷，也才会更加感恩父母为自己提供的一切生活条件。

当然，要想让孩子拥有感恩之心，父母的一味说教并不能达到预期的效果，最好的办法是在与孩子相处的过程中，以身作则，常怀感恩之心，这样才能让孩子在潜移默化中渐渐学会感恩，获得成长。

现实生活中，很多父母如同全能的超人一样，对于孩子有求必应，从来不会拒绝孩子的请求。殊不知，如果父母如同老母鸡一样把孩子庇护在羽翼之下，那么孩子最终会变得什么都不会，甚至成为一个"废人"。有人说，宠溺是父母对孩子的害，而不是父母对孩子的爱。实际上，明智的父母不会凡事都为孩子代劳，而是适当地在孩子面前示弱，求助于孩子。例如，当父母身体不舒服的时候，可以让孩子端茶倒水，让孩子感受到自己对父母的爱，同时意识到父母也需要孩子的照顾。当孩子表现得过于自私时，父母还可以对孩子的表现"斤斤计较"。总而言之，不要让孩子误以为父母的爱理应只是付出，不求回报。否则，一旦孩子养成对父母一味索取的坏习惯，父母就会陷入被动之中，很难再培养孩子的感恩之心。

在中国社会，大多数父母都理所当然地承担起一切家务，甚至还有些老人在把孩子养育成人之后，依然辛辛苦苦地承担着保姆的角色，劳累的生活非但没有因为孩子的成长而有所改善，反而多加了一项任务，那就是照顾孩子的伴侣和孩子的孩子。可想而知，这样的人活到老累到老，从来不会享孩子的福。在西方国家，孩子小小年纪就要为家庭承担力所能及的家务，既有他们分内之事的家务，也有他们可以获取报酬的额外劳动。可想而知，国外的孩子小小年纪就懂得为家庭分担，家庭责任感当然很强。而且他们小小年纪就有凭着劳动获取报酬的意识，也难怪他们从18岁开始就能自己养活自己。而在中国，有很多二十几岁甚至30多岁的人还没有断奶呢，还要继续啃老呢，不得不说，这就是巨大的差距，而且是根子上的差距。幸运的是，如今很多年轻的父母已经意识到在教育方面与西方国家的差距，所以都在有意识地改变，也更加以国际化的教育思想培养孩子。

只有让孩子体会到父母的辛苦，知道自己如今享受的一切并非是凭空得来的，而是父母通过万分努力和辛苦打拼得来的，孩子才能对父母感恩。当孩子真正了解爱的本质是双向的，并非单向的，孩子就会知道，从父母那里得到的一切都要加倍回馈给父母。中国有句古话，叫作老吾老以及人之老，幼吾幼以及人之幼，其实，当孩子学会设身处地为他人着想，孩子与他人之间的关系就会大大改善，也会因为感恩而更进一步。

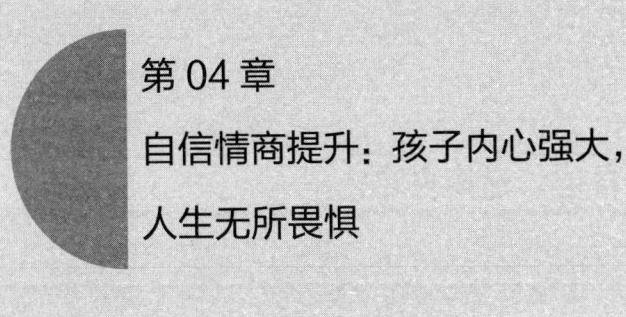

第 04 章
自信情商提升：孩子内心强大，人生无所畏惧

众所周知，要想获得成功，自信是必须具备的心理要素，也可以说，自信的品质与成功是息息相关的。孩子唯有拥有自信，才能战胜人生中的很多困境，超越重重障碍，而在获得成功之后，孩子的自信又会增强，如此一来，孩子就会陷入良性循环之中，即不断地增强自信——获得成功——更加自信——获得更大的成功。当然，真正做起来未必如同说起来这般顺畅，但是这种良性循环的基础不会改变，那就是自信。

充满自信，远离自卑

生活中，有很多孩子都会感到自卑，他们自卑的理由简直千奇百怪，让人难以置信。例如，有的孩子因为自己长了两颗犬齿而自卑，有的孩子因为父母长得不帅不漂亮而自卑，还有的孩子仅仅因为自己的头发是棕色的、不够乌黑亮泽而自卑。总而言之，孩子总会因为一些不值一提的小事而感到自卑。为了改变孩子自卑的状态，也避免自卑给孩子的学习和生活带来负面影响，父母一定要帮助孩子建立自信，这样孩子才会更加充满信心。

美国大名鼎鼎的心理学家罗森塔尔和雅各布森联名提出了"皮格马利翁效应"，这个心理学理论告诉人们，一个人只要内心满怀期待，燃烧着希望之光，坚信所有事情都能如同他所期望的那样进展顺利，那么他最终能如愿以偿实现自己的梦想。由此可见，每个人都要相信相信的力量，因为相信的力量是很强大的，能够创造生命的奇迹。

尤其是对于孩子，父母可以不相信自己，但是一定要相信孩子，这样才能让孩子拥有并感受到相信的力量。特别是孩子年幼的时候，因为自我认知水平和自身经验的限制，往往无法客观准确地衡量和评价自己。在这种情况下，大多数孩子都非常相信父母对于自己的评价，所以

第 04 章
自信情商提升：孩子内心强大，人生无所畏惧

父母要谨慎地评价孩子，不要让孩子对于自己形成误解。有些父母喜欢给孩子贴标签，其实不管是正面的标签还是负面的标签，给孩子带来的作用力都是负面的。如果父母夸赞孩子很聪明，孩子就会因为沾沾自喜而不愿意继续努力。如果父母指责孩子很愚笨，孩子一旦相信了父母的话，就会变得破罐子破摔，这对于孩子的一生将是致命的打击。父母作为孩子的领航者，一定要态度端正地对待孩子，且要恰到好处评价孩子，尤其是要注意提升孩子的自信心，消除孩子的自卑心理，从而让孩子充满信心，把握人生。

学校要举行作文比赛，老师推荐小慧参加。然而，小慧却当即拒绝，还说自己的能力不足，会影响班级的比赛成绩。尽管老师再三强调小慧的文笔清新细腻，小慧还是不敢报名。无奈之下，老师只好通知小慧的妈妈，希望妈妈能做通小慧的思想工作。

回到家里，妈妈委婉地问小慧为何不想参加作文比赛，小慧担心地说："我觉得自己写不好，尤其是比赛，万一再因为紧张，一个字也写不出来怎么办呀！"妈妈安抚小慧说："不会的，你平日里作文都是优秀，而且你看的书也很多，总会有东西可写的。"小慧仍然忧心忡忡："万一我得不到名次呢？"妈妈笑了，抚摸着小慧的头，说："得不到名次也是正常的，参赛的人那么多，不可能每个人都得到名次和奖项的。其实老师推荐你参加比赛，不是让你一定要得奖，而是觉得你很擅长写作，所以想把这个锻炼的机会给你。"小慧听了妈妈的话，不由得长吁一口气："真的吗？即使不得奖，也没有关系吗？"妈妈点点头，小慧这才放下心中的负担，同意报名参加作文比赛。

其实，小慧的写作水平还是很高的，只是因为缺乏自信，所以她总

是担心自己不能得奖而给班级抹黑。在老师和妈妈的劝说下，小慧才放下心理负担，报名参加比赛。也许放下内心的紧张不安之后，小慧反而能够发挥出自己的水平，取得好成绩呢！

对于内心自卑的孩子，父母和老师一定不要打击他们的信心，因为他们的信心原本就少得可怜。最重要的是，要在孩子需要的时候，给予孩子最大的支持和鼓励，只要让孩子勇敢地迈出通往成功的第一步，孩子就能以实力证明自己，由此进入良性循环，也会拥有更大的自信。

如果说人生是海洋，那么自信就像是人生中的帆船，只有扬帆起航，才能有更好的表现。如果说人生是天空，那么自信的孩子就是展翅翱翔的雄鹰，当他们相信相信的力量，他们就能搏击长空，创造生命的奇迹。

每个人都是被上帝咬过一口的苹果

一个人即使再完美，也总会对自己感到不满意，这是因为他们真的在大量优点的中间还夹杂着为数不少的缺点。正如有位名人所说的，每个人都是被上帝咬过一口的苹果，每个人从一侧看也许光鲜亮丽，但是一旦转移到另一侧，就会马上表现出或大或小的被咬过的痕迹。难道因此就要否定自己的一切吗？当然不是。

例如，一个人如果皮肤黝黑，不能因此而否定自己身材高挑；一个人如果跑步很慢，不能因此而否定自己的歌声犹如天籁；一个人如果长相丑陋，不能因此而否定自己心灵很美……总而言之，每个人都是既有优点又有缺点的,既不要因为优点的璀璨夺目而妄自尊大,也不要因为缺点的存在而妄自菲薄。唯有怀着客观公正的心态认知和评价自己,才能最大限度地扬长避短、取长补短,也才能活出独属于自己的充实、精彩的人生。

小雨从小就嗓音嘶哑,说起话来就像在嘶吼,而随着不断的成长,他走入校园,成为一名学生。但是,从小学到初中,他从来不敢张口唱歌,即使在音乐会上被老师点名试唱,他也总是紧紧闭着嘴巴。

为此,小雨很自卑,尤其是看到其他同学高兴的时候总是哼着歌,小雨更是连话都不愿意说了。在学校举行运动会的时候,小雨报名参加了800米长跑,结果,取得了第一名的好成绩,班级里很多男生和女生都围着小雨,给小雨加油呢!小雨突然间就像获得了新生,他兴奋不已,大喊大叫。最终,他发现根本没有同学注意到他嘶哑的嗓音,反而每一个同学都感谢小雨为班级争得了荣誉。从此之后,小雨就像变了一个人,成了班级里的运动强将,处处受到同学们的认可和赞赏。

每个人都是被上帝咬过一口的苹果,只要不自暴自弃,就会发现上帝在为一个人关上一扇门的同时,还会给他打开一扇窗户。最重要的是,人不能心怀绝望,而是要始终满怀希望,充满信心。

当发现的都是自己的优点时,为了避免过分骄傲和自满,就要努力发现自己的缺点,这样才能有的放矢地努力提升和完善自己。当发现的都是自己的缺点时,也不要妄自菲薄,而要消除自卑的情绪,只要用心寻找,总能从缺点之中找到优点,让自己扬起自信的风帆,驶向成功的彼岸。就像古人所说的,祸兮福之所倚,福兮祸之所伏,优点和缺点在每个人的身上也如同孪生姐妹一样,是相依相伴的。

当发现孩子不能准确洞察自身的优点时，父母可以制作一个优缺点的表格，让孩子写出对应的优点和缺点，从而帮助孩子更好地面对自己，也理性客观地评价自己。对于自卑心理比较重的孩子，父母在制作表格的时候就要有意识地倾向于孩子的优点，这样才能提高孩子的信心，帮助孩子变得充满自信和希望。

自信，不是自负

当孩子6岁以后，认知世界的方式就会从感性直觉的转化为理性，所以6岁之后，孩子就进入了性格养成的关键时期。尤其是从6岁之后，到12岁进入青春期之前，孩子的性格逐渐成形，很容易变得极端。很多父母只注重培养孩子的自信，却忘记了自信一旦过度，就会成为自负，而自负非但不利于孩子走向成功，反而会影响孩子的成长。又因为这个阶段的孩子身心处于快速发展之中，尽管正走向成熟，但是却无法成功驾驭自身的情绪，一旦情绪如同脱缰的野马一样失去控制，孩子就会变得歇斯底里，甚至因此而给人生带来不可挽回的伤害。

一直以来，自信都是优秀的品质，人人都需要自信才能走向成功。常言道，凡事皆有度，过犹不及，当自信发展过度变成自负，就会影响和束缚孩子的发展。仅从表面来看，自信的孩子非常优秀，他们即使遇到风吹雨打，也能够战胜困境，突破自我。而自负的孩子则不同，自负的孩子尽管也很优秀，但是他们狂妄自大，目中无人，总是觉得自己就是最优秀的，完全忘记了"人外有人，天外有天"这句警示。为此，面对自负的孩子，父母一定要帮助他区分自信和自负，让他端正态度，正确看待自身的优缺点，从而树立真正的自信，让自信支撑自己砥砺前行。

皮特是个很自信的孩子，他在学习方面表现良好，尤其对于数学有一定的天赋。然而，在老师的夸赞和父母的认可之中，皮特渐渐地从自信走向自负。为此，妈妈决定给皮特一个教训，让皮特意识到人外有人，天外有天。

这段时间，学校里的各个班级都在进行选拔赛，要选拔出擅长数学的孩子代表班级参加学校里的数学竞赛，成绩优秀的孩子还有机会代表学校参加区里的数学竞赛。当老师征求皮特的意见时，皮特大言不惭地说："放心吧，老师，我不但会为班级争取荣誉，还会为学校争取荣誉！"看到皮特大包大揽的样子，老师不由得提醒皮特："皮特，要谦虚哦！"皮特笑着说："骄傲使人进步，谦虚使人退步！"皮特因为过于轻敌，没有提前复习老师为他准备的竞赛题目，在竞赛中失去了最后一道附加题的分数，没有通过学校的筛选。

落败的皮特如同霜打的茄子，妈妈正好抓住这个机会教育他："皮特，原本老师是信任你，才让你参加比赛，但是你辜负了老师的信任。你不知道人外有人，天外有天吗？做人可不能当井底之蛙，觉得自己就是最厉害的，否则一定会败得很惨。"以往，一旦听到妈妈这么说话，皮特就会很反感，但现在他觉得妈妈的每句话都很有道理，他也根本无法反驳。从此以后，皮特深刻意识到"骄兵必败"的道理，总是保持谦虚低调，虽然自信却不自负，最终又争取到机会为班级和学校争光了。

从心理学的角度而言，所谓自信，就是对自我的认同和接纳，也因为有此前的成功经验作为支撑，自信者往往都非常相信自己。所以对于一个缺乏自信的人而言，要想帮助他建立信心，最好的方法就是让他能够真正证明自己的实力。而对于一个自信过度的人而言，要想让他控制好自信的度，就要让他适度接受打击，更加清醒地认识自己。

古人云，不识庐山真面目，只缘身在此山中。实际上，不管是过于自卑的人还是过于自负的人，都是因为不能客观清醒地认知自己，所以才会低估或者高估自己。自卑者缺乏成功的经验作为认可和接纳自己的支撑，而自负者有太多的经验作为认可和接纳自己的支撑，因而不知不觉中就对自己过于高估了。还有些自负者会幻想着成功的情形，但是当他们一味地沉浸在对于成功的幻想中时，他们并没有什么真正的成就足以支撑他们脆弱的自信。从本质上而言，自负与自卑是会相互转化的，很多人之所以自负，实际上是极度自卑的表现。

通常情况下，自信者对于自己有正确清醒的认知，因而他们"知道"自己能做到。而自负者则沉湎于幻想之中，甚至被幻想蒙蔽，导致"自以为是"地认为自己一定能做好。殊不知，理想是丰满的，现实是骨感的，没有真才实学作为支撑，自负者的幻想也许只是一厢情愿的空想而已。

需要注意的是，孩子的自尊心是很强的，父母如果发现孩子的自信其实是自负，也不要盲目地戳穿孩子，而是要照顾孩子的颜面，保护好孩子的自尊心。只有以恰到好处的方式引导孩子，孩子才能从自负过渡到自信，也驱散心底的自卑，成为真正的强者。

让自信唱响心中的希望之歌

作为现代社会心理学之父,库尔特勒温曾经专门针对6~12岁的孩子展开研究,研究结果证实这个年龄段的孩子非常看重自信的伟大力量。他们很在乎他人的看法,也渴望得到老师和父母等权威人士的认可与表扬。他们认为,自己唯有具备与众不同、出类拔萃之处,才能得到他人的崇拜,也才能得到权威人士的表扬,为此,他们希望自己能够超越同龄人,变得非常高大。当真正实现了理想,的确得到大多数人的认可和赞许时,他们最喜欢昂首挺胸,阔步向前,因为他们认为自己有这样的资本和力量。

很多父母都因为孩子的自卑和自我否定而感到烦恼,殊不知,要想让孩子相信自己,认可自己,自信是必须具备的品质。尤其是现代社会发展迅猛,每个人都承受着巨大的压力,孩子也是如此。所以如何提升孩子的自信,让孩子在心中唱响自信之歌,对于孩子而言是至关重要的。针对如何提升孩子的自信,心理学家曾经提出了很多方法,其中唱响自信之歌是卓有成效的方法之一。具体而言,就是给孩子各种挑战,让孩子通过战胜困难来证明自己的实力,用实力为自己代言。

有一段时间,小雅总是陷在自卑的情绪之中无法自拔,是因为她的爸爸是个不折不扣的酒鬼,所以她尽管学习成绩很好,在班级里却感觉抬不起头来。尤其是很多同班的女同学在遇到困难的第一时间就会向爸爸求助,而小雅却只能把一切痛苦都深深埋藏在心底。

小时候,小雅还有妈妈可以依靠,每当爸爸喝醉了酒发酒疯,小雅就会躲在妈妈的怀抱里,感到很心安。然而,后来妈妈实在无法忍受爸爸的酗酒和暴虐，带着年幼的弟弟离开了。尽管妈妈舍不得小雅，但是弟弟更需要照顾，所以只好把小雅留给爸爸。从此以后，小雅就开始了如同炼狱般的生活。一段时间之后，小雅甚至患上了轻度抑郁。幸好，初中毕业，小雅考上了县城里的重点高中，终于可以离开家住在学校里。从那时开始，小雅就发誓要考上大学，离家远远的，也离爸爸远远的。正是凭着这个意念的支撑，小雅咬紧牙关度过了艰难的三年高中生活，顺利考上了名牌大学。拿到录取通知书的那一刻，小雅如释重负，她的心中充满了希望，也觉得人生开始歌唱。

大学期间，酗酒的爸爸无力负担小雅昂贵的学费和生活费，小雅从进入大学的第一天开始就寻找兼职，最终成功地养活自己。有的时候，看到爸爸生活窘迫，小雅还会把自己挣来的钱分给爸爸一部分呢！正是坚强的意念和燃自心底的自信，点亮了小雅的人生。

一个人只要心中有希望，就永远不会认输。小雅在即将崩溃的时刻，成功地考上重点高中，所以才能摆脱爸爸，独自去学校里生活。这让小雅原本阴云密布的心底突然燃起希望，也让小雅拥有了自信的力量。曙光就在眼前，小雅又有什么理由放弃呢？最终，小雅凭着心底喷薄而出的希望的支撑，成功改变了命运。

希望是人心底的光芒，也是人生的火炬，更是人生的力量所在。不管在什么情况下，父母都要帮助孩子点燃心底的希望。对于孩子而言，最黯淡的人生就是从父母身上看不到希望的人生，孩子最深刻的绝望也恰恰来自父母。真正合格的父母，会始终充满信心和力量，并把这份力量传递给孩子，让孩子的人生被点燃。总之，父母要教会孩子冲破内心的囚牢，豁达地看待和享受生命。

相信自己，才能找回自信

美国的一家心理学机构曾经进行过一项实验，即在学校里随机抽取20名同学，然后当着全校同学的面评价这20名同学都天赋异禀，且将来一定大有作为。当然，这20名同学自己也知道权威人士的评价。十几年过去，那20名被判定会大有作为的同学，全都成为人中龙凤，取得了杰出的成就。他们迄今为止还不知道当年自己被选中完全是随机的，而是误以为自己真的天赋异禀。他们到底是凭着什么获得成功的呢？就是凭着他们的自信。在被权威人士认可和肯定之后，这20名同学都变得非常自信。在漫长的人生路途中，他们遭遇过很多困境，但是从未轻易放弃过。他们坚信一切坎坷磨难都是为了让他们获得成功做准备的，所以他们形成了强大的自信，也在自信中收获了神奇的力量。

这些孩子在被随机选中的时候，对于自己并没有客观中肯的评价，他们正处于对自己深入认知的形成和自信心的建立阶段。正是在这个关键时刻，他们被人授以自信，并顺利建立自信。之后，在自信的巨大力量推动下，他们不断地砥砺前行，排除万难，哪怕遭遇再多的坎坷挫折也绝不放弃最终取得成功。

因为有权威人士的预言，这些孩子都坚信"天将降大任于斯人也，必先苦其心志，劳其筋骨，饿其体肤"。因为心中始终相信自己必然出类拔萃、出人头地，也始终相信自己一定能够超越困境，破茧成蝶，所以他们真的大获成功，也真正地扬眉吐气。假如没有权威人士的预言，也许这些孩子经历的人生磨难还是同样的，但是他们未必能够顺利超越人生的困境，或者对人生困厄缴械投降，或者内心沮丧绝望，再也无法鼓起勇气。总而言之，他们肯定无法像被预言后这样斗志昂扬，激情澎湃。

由此可见，要想让孩子拥有自信，父母一定要帮助孩子鼓起信心和勇气，让孩子不要畏惧失败。也要着重维护孩子的自尊，以中肯的评价对于孩子的社会角色和行为表现进行肯定。

从心理学的角度而言，一个人唯有自尊自爱，自立自强，才能真正拥有自信。否则，一个人如果缺乏自尊，就会失去安全感，变得焦虑不安。总而言之，自尊是一个人获得内心平衡和心理幸福的基础，自尊的人才能实现自我需要和自身状态的和谐，也才能拥有健康与平衡的心理状态。对于孩子而言，他们成长的过程中必须坚持自我发展和完善，所以孩子更需要以自尊来支撑自信，也要以自信来激发人生所有的力量，让人生扬帆起航。

第 05 章
自我认知情商：培养孩子自我意识，让孩子爱自己

一个人如果不喜欢自己，也不愿意接纳自己，可想而知，他活得该多么痛苦。因为注定要与自己相依相伴，所以一个人哪怕对自己再怎么不满意，也不可能甩掉自己。从这个角度而言，要想收获幸福快乐的人生，父母一定要培养孩子的自我认知情商，教会孩子爱自己，才能让孩子悦纳自己，认可和肯定自己。而一个人只有爱自己，才能接纳整个世界。

提升孩子的自我保护意识

针对孩子自我保护的能力,很多父母都引起了足够的重视。尤其是在现代社会孩子受到伤害的事件频繁发生的情况下,拥有自我保护能力对于孩子而言更是不可或缺的生活技能。正如保尔·柯察金所说,人,最宝贵的是生命,对于每个人而言,生命都只有一次。生命不可重来,注定其是最值得珍惜的。

新生儿从呱呱坠地开始,就在父母的照顾下生存,吃喝拉撒都要依靠父母。随着渐渐成长,他们开始走向独立,也逐渐摆脱对父母的依赖,尝试着独自面对这个世界。而孩子要想走向独立,最重要的就是要具备自我保护的能力。否则,离开了父母的庇护,孩子如何能够从容坦然地面对外界的一切,真正保证自己的生存呢?遗憾的是,在传统的教育模式下,父母和老师都更看重孩子的学习成绩,而忽略了对孩子进行生命本位的教育。这样一来,孩子关于自我保护的情商越来越低,也丝毫没有掌握自我保护的技巧,必然会因此而陷入生存的困顿。

从本质上而言,培养孩子的自我保护意识,不但要向孩子灌输自我保护的知识和技能,还要在有条件的情况下引导孩子开展实地演习,让孩子亲身感受如何进行自我保护。所谓百闻不如一见,对于孩子而言,

第05章
自我认知情商：培养孩子自我意识，让孩子爱自己

无数次说教也比不上一次真刀真枪的自我保护实战。尤其是现代社会危险频繁发生，父母更要最大限度地帮助孩子学会处理各种危险情况，这样孩子的自我保护情商才会提升，也才能卓有成效地保护自己。

升入三年级之后，小风总是吵闹着要独自上学和放学，一开始妈妈并不同意，后来实在经不住小风软磨硬泡，只好同意了。但是，妈妈要求小风必须首先学习自我保护的知识。在妈妈一个月的安全知识灌输之下，小风对于妈妈提出的很多问题都能对答如流了，但在真正遇到情况的时候，小风的表现会怎样呢？

有一个周末，小风独自去练字，在路上遇到一个老奶奶问路。小风当即热心地当起雷锋，为老奶奶指路，没想到老奶奶年龄太大了，老眼昏花，小风说了好几遍，老奶奶还是不知道该怎么走。这时，老奶奶请求小风："小朋友，你能不能把我送过去啊，我实在分不清楚东南西北，也不知道该怎么走。"小风当即带着老奶奶朝着目的地走去，走到半路，他突然想起妈妈交给他的安全守则里，有一条明令禁止给陌生人带路。这可怎么办呢？也不能把老奶奶扔在半路上啊！这时，小风看到不远处有个执勤的警察，脑中灵光一闪，对老奶奶说："老奶奶，我还得去上课呢，时间来不及了，我让那个警察叔叔把你送到目的地吧！"说完，小风就朝警察叔叔跑过去，并且告诉警察叔叔有个老奶奶需要帮助。当小风准备把老奶奶指给警察叔叔看的时候，却发现老奶奶已经走了。

在这个事例中，老奶奶到底是坏人还是好人，我们无从得知，但从另一个角度来说小风的自我保护意识还是不够强。虽然妈妈为他灌输了很多安全知识，但是真正遇到情况的时候，他并没有第一时间做出正确

的反应。幸好小风及时想起妈妈的安全警示，也意识到自己不能把老奶奶送到目的地，所以他当即求助于警察。老奶奶或者是因为不想麻烦警察，或者是居心叵测，不敢让警察送自己到达目的地，便自己离开了。总而言之，坏人的脑门上并没有写"坏人"二字，尤其是孩子缺乏社会经验，更不可能明确判断出一个人是好人还是坏人。在日常生活中，父母一定要培养孩子的安全意识，提高孩子的自我保护能力。尤其需要注意提升孩子的自我保护情商，这样孩子才能不断进步，具备更强的自我保护能力。

安全无小事，生命安全永远是家庭教育的第一位。父母除了要教会孩子小心防范坏人之外，对于生活中突发的各种意外情况，也要教会孩子正确应对。例如，对火灾、车祸，或者是地震、海啸等情况，孩子都应该有基本的安全意识，也能在第一时间做出正确反应。很多危急情况发生时，给孩子留出的应急时间是很短暂的，所以父母除了要给孩子灌输安全意识和自我保护知识以外，还要尽量给予孩子实战演练的机会，哪怕是演习，也能帮助孩子从理论到实操更进一步，这样一旦危急情况真的发生，孩子也可以及时果断地做出正确的反应。

爱自己，才能爱世界

一个人如果不能接纳自己，还能奢求别人能够接纳他吗？可想而知，在这个世界上，如果得不到任何人的肯定，人生该有多么苦恼和无助，该有多么迷惘啊！父母要想提高孩子的情商，让孩子在人生中收获幸福与快乐，最重要的就是引导孩子爱自己。因为孩子唯有发自内心地热爱自己，才能热爱这个世界，也才能最大限度地打开心扉，接纳一切。这是孩子收获幸福人生的基础，也是孩子拥有充实、精彩人生的先决条件。

不可否认，在现实生活中，很多孩子随着自我意识的觉醒，对于自己越来越不满意，甚至情不自禁地挑自己的毛病，苛责自己。这样一来，他们必然感到很迷惘，甚至对于生活也失去方向。不得不说，大凡高情商的人都是爱自己的，因为他们很清楚自己是这个世界上独一无二的存在，是不可取代的生命个体。因为爱自己，他们对于自己的优点很满意，对于自己的缺点也足够包容。他们更加关注自己，而不忽视和漠视自己。他们接纳自己的过往，也展望美好的未来，他们知道自己的价值所在，也能勇敢地承担起属于自己的责任。他们有做人的原则和底线，不能容忍生活中的假丑恶，而追求真善美。他们把自己真正地融入大自然，融入人类社会，通过对自己的深刻认知和理性反思，提升和完善自己。

有些父母担心孩子爱自己是自私的表现，实际上爱自己与自私是截然不同的。爱自己的人更懂得尊重自己，也更能够拼尽全力，自强不息。爱自己的孩子具有安全感，对于生活也容易感到满足，强烈的幸福感让他们的内心很充实。与此恰恰相反，不爱自己的孩子总是挑剔和苛责自己，总是批评和否定自己，可想而知，他们的人生注定远离幸福，也注定不快乐。当父母发现孩子对于自己总是不满意且郁郁寡欢的时候，救赎孩子唯一的方法就是教会孩子自爱。

因为父母都在外地打工，已经读初中的杨浩长期得不到父母的关爱，显得非常冷漠。有一天晚上，杨浩因为与同学爆发了激烈的争吵，变得情绪激动。老师担心杨浩会有过激的举动，便给他的爷爷奶奶打电话，而后爷爷奶奶当即给他的爸爸妈妈打了电话。

妈妈听说杨浩和同学吵架了，当即打电话给杨浩。在电话里，杨浩表现得很沉默，不愿意和妈妈说太多。无奈，妈妈挂断电话之后，又开始在QQ上和杨浩沟通。杨浩终于敞开心扉，质问妈妈："妈妈，你们从来没给过我温暖，我怎么对别人热情？"妈妈听到杨浩的这句话心如刀绞，的确，自从杨浩出生之后，爸爸妈妈就四处打工，而把杨浩交给爷爷奶奶照顾。爷爷奶奶老了，与杨浩之间是有代沟的，根本不可能了解杨浩的真实想法。而杨浩随着年龄不断的成长，从小时候只需要满足基本的生理需求，到现在更加渴望得到爸爸妈妈的关爱，所以与父母的疏离导致了他内心的冷漠。对于杨浩的质问，妈妈无言以对，只能苍白地说："浩浩，我和爸爸在外面打工，都是为了多挣钱，养活你和弟弟啊！"杨浩哭了，对妈妈说："妈妈，钱是挣不完的，永远也挣不完。"

如今，留守儿童的现象越来越严重。在很多偏僻的地方，年轻人都出门打工了，家里只剩下老年人和孩子。就这样，孩子因为缺乏父母的陪伴和关爱而问题频现。事例中的杨浩，从小就由爷爷奶奶抚养，也许小时候只需要满足他的吃喝拉撒，但随着年龄的不断成长，他更需要父母的关爱和温暖。从父母那里得不到关爱和温暖的杨浩必然变得冷漠，也因为内心隐隐觉得自己被父母置之不顾，无法做到发自内心地爱自己，接纳自己，也就注定了他对于别人的冷漠。要想改变杨浩的心态，最重要的在于父母要更加关心杨浩，给予杨浩温暖。一个孩子只有得到父母的爱，才能真心地爱自己。

悦纳自己，爱自己，尊重自己，是孩子与整个世界和谐相处的前提条件。很难想象，一个不认可自己的孩子会认可整个世界。所以无论生活多么艰难，父母都要记住一点：把孩子带到这个世界，并非给孩子吃喝就足够了，更重要的是以爱滋润和浇灌孩子的心田，让孩子的心中充满爱和希望的光。

逆境只是人生的"试金石"

在顺遂的环境中，孩子很容易找到信心，也会对人生充满希望。然而，一旦处于逆境，人趋利避害的本能就会让孩子情不自禁地畏缩和逃避，毕竟没有人愿意面对逆境，也没有人愿意承受过大的压力和责任。尤其是孩子的内心比较脆弱，人格和各种观念还没有成形，在这种情况下，孩子更难以承受逆境的压力。然而，谁的人生是完全顺遂如意的呢？每个人在人生中都会遭遇各种各样的不如意，孩子也不例外。为了帮助孩子战胜困境，突破自我，父母一定要激励孩子在面对逆境的时候百折不挠，绝不屈服。

逆境，只是人生的"试金石"。古往今来，那些伟大的人物之所以取得卓越的成就，并非是因为他们受到了命运的青睐，总是能够一帆风顺。恰恰相反，他们遭遇了更多的挫折和磨难，只是因为他们从不放弃努力，始终坚持不懈，才能熬过一切风雨，迎来人生的阳光明媚。例如，司马迁遭受宫刑，在狱中完成被鲁迅誉为"史家之绝唱，无韵之离骚"的《史记》。美国前总统林肯，在成功当选美国总统之前，遭遇了人生接踵而至的打击，甚至一病不起。但他终究还是坚强地站了起来，面对人生的坎坷与挫折，绝不屈服，更不顺从。正是凭着这种顽强与命运博弈的精神，林肯最终入主白宫，在美国历史上留下了浓墨重彩的一笔。

在教养孩子的过程中，父母千万不要过分宠溺孩子，更不要对孩子有求必应。一则，孩子一旦养成了依赖的坏习惯就很难独立；二则，父母如果对孩子有求必应，孩子的欲望就会越来越强，甚至最终陷入欲望的无底深渊。当父母羡慕别人家的孩子那么坚强，那么勇敢时，不要忘记没有孩子生而就是强者，父母只有引导孩子更加坚强自立，孩子才能不断地突破自我，在人生之中有更好的表现。

一个人如果经受不起逆境的考验，就无法使人生沉淀而充实。在教育孩子的过程中，父母一定要增强孩子的自我认知，和独立的能力，这样孩子才能在人生的道路上始终保持自强不息的状态，排除万难，勇往直前。如果父母一味地宠溺和疼爱孩子，实际上是害了孩子，只有给予孩子博大深沉的爱，让孩子更加自立自强，才是真正对孩子的人生负责。与此同时，父母要为孩子树立积极的榜样，给予孩子正力量。孩子的模仿能力是很强的，在家庭生活中，如果父母因为小小的事情就一蹶不振，遇到一点点困难就马上放弃，那么可想而知，孩子是不可能具备迎难而上的品质的。父母是孩子的第一任老师，也是孩子最好的榜样，想要孩子成为什么样的人，父母首先应该是什么样的人。常言道，身教大于言传，父母必须给孩子做好榜样和示范，孩子才能成为真正的人生强者。

第 05 章
自我认知情商：培养孩子自我意识，让孩子爱自己

每个家庭都是不同的，每个家庭里父母所采取的教育方式也是不同的。然而，无论教育方式多么迥异，父母都要秉持一个原则，那就是培养孩子顽强乐观、自强不息的人生品质。只有在这样的精神支柱之下，孩子才能更加坚强勇敢，在人生中超越逆境，勇往无前。

学会独处，忠于自己的内心

大多数父母都很注重培养孩子的社交能力，殊不知，独处与社交能力一样，是一种必不可少的能力。很多人都把孤独与独处混为一谈，实际上，孤独与独处完全是两码事，有着本质上的不同。独处是当事人主动做出的选择，因为不愿意置身于喧嚣的人群，而想在安静的环境中与自己的内心相处，与自己的灵魂进行对话，所以他们选择一个人相处，从而给予自己更多的时间和空间思考。相比独处，孤独则是被动的状态，是一个人内心有与人相处的需求，但是却因为外界的限制而无法满足自己的需求，导致自己陷入痛苦的状态。所以说，身陷孤独的人是痛苦的，而主动选择独处的人却拥有充实的内心，也能够在独处的过程中不断地走向成熟，拥有丰富的内心世界和强大的精神世界。

从心理学的角度而言，一个人与自己相处的模式将会影响他们与外界相处的模式。换言之，只有善于独处的人，才能与他人和外界保持和谐融洽的关系。否则，一个人如果连与自己好好相处都做不到，如何能够与他人和外界和谐相处呢？在培养孩子的情商、帮助孩子形成自我意识的过程中，父母一定要引导孩子学会独处。现代社会如此喧嚣和杂

乱，孩子唯有忠于自己的内心，才能不忘初心。

　　当然，父母要对孩子独处的能力有一定的认知，即观察孩子在一个人的情况下能否安然自在。很多孩子缺乏独处的能力，一旦独处，就会不知所措，百无赖聊。而善于独处的孩子，会在一个人的状态之中享受宁静，也充实度过每一分每一秒。可以说，只有高情商的孩子才善于独处，这是因为他们的心灵很充实，也因为他们拥有健康的心理状态。真正心智健全的人，哪怕整天的时间都在独处，也不会感到无聊。相反，心智不健全、内心空虚的人，哪怕只有短暂的独处时间，也会觉得时间很难熬。当孩子拥有独处的能力，他们就不会害怕寂寞，而是能抓住独处的时间，更好地与自己交流和对话，享受心灵的宁静与充实。他们具有很强的自我管理能力，对于自己也有充分而又客观的认知。他们不但善于与自己相处，也善于与他人和外界相处，始终与外界的一切都保持着和谐的关系。

　　善于独处的孩子还拥有很强的个人魅力，这是因为在独处的时光中，他们更加洞察自己的内心，也变得平静安然。有些孩子在独处的时候可以更加深入地思考，捕捉到一闪而过的灵感，这些都是在嘈杂的环境中不可能做到的。如果孩子在独处的时候进行积极的思考，那么就能提升自我，也能最大限度地处理好人际关系。所以父母要帮助孩子养成独处的好习惯，让孩子在独处的过程中认知自我、提升自我、完善自我。当然，孩子的天性就是活泼好动的，要想帮助孩子养成独处的好习惯，就要给予孩子恰到好处的引导，也可以陪伴孩子进行安静的相互独立的活动，这对于提升孩子的专注力和独处能力都有很大的好处。

　　很多细心的父母会发现，孩子特别黏人，每时每刻都要与父母在一起，即使在玩耍的时候，也要父母在一边陪伴。实际上，这是孩子缺乏安全感的表现，也是孩子不具备独处能力的表现。当孩子出现这种情况时，父母要有意识地减少对孩子的陪伴，除了陪着孩子进行互动性的游戏之外，还要引导孩子一个人安静地看书。如果前期孩子在看书时需要父母的陪伴，父母当然可以满足孩子的要求，但是要安静地陪伴，不要给孩子讲述书中的内容，也尽量不要与孩子有不必要的互动。当孩子渐渐习惯于专心致志地看书，父母就可以借机离开一会儿，渐渐地，孩子就会习惯独处，甚至爱上独处。其实孩子的习惯养成与父母有密不可分的关系，所以父母一定要抓住各种机会帮助孩子养成好习惯，让孩子受益无穷。

在独处的过程中，孩子不再吵闹，而是能够静下心来定义自己，重新塑造自己。这样的过程对于孩子而言，每一次都是进步。除了引导年幼的孩子独自看书或者玩玩具之外，父母还可以引导稍微年长的孩子养成每天都写日记的好习惯。写日记，也是孩子独处的一种方式，尤其是在以日记作为载体来反思自身的时候，孩子们会在写日记的过程中更深刻地认知自己，也更加深入地反思自己。对于孩子而言，这是一种成长的方式，也会让他们的内心变得更加深沉和厚重，对于孩子成长是有好处的。

让自己成为正能量场

很多人都看过磁场的强大作用，磁场能够把很多东西吸引到能力范围内，从而让自己的力量更加强大。同样的道理，每个生命个体也是一个能量场，只不过因为拥有的能量不同，所以有的生命个体是正能量场，而有的生命个体则是负能量场。毋庸置疑，人人都想成为正能量场，因为唯有拥有正能量场，才能吸引更多拥有正能量的人和事物。而一旦成为负能量场，则会在不知不觉间吸引很多拥有负能量的人和事物，导致自己也受到不良影响，变得更加消极。

在培养孩子情商的过程中，父母一定要引导孩子变得更加积极乐观，让孩子成为正能量场，传播正能量。孩子在小时候，缺乏对于自身的客观认知，因而很多孩子对于自我的评价往往是通过参考父母的评价完成的。在这种情况下，父母一定要客观审慎地评价孩子，避免让孩子形成错误的自我认知。随着年龄的不断增长，孩子的自我意识觉醒，对于自身也有了更深刻的认知。在这种情况下，父母要更加理性地对待孩子，给予孩子客观中肯的评价，而不要随意给孩子贴上负面标签。记住，父母的一言一行都会对孩子产生很大的影响，父母在面对孩子时不管说话还是做事都要慎重，这样才能更有效地引导孩子。当父母对于孩子的评价正向积极时，孩子会更加自信，从而形成积极的人生态度。

很久以前，有两个老太太都已经年逾古稀。一个老太太非常悲观，觉得自己已经快要到达人生的终点，因而既不给自己买漂亮的衣服，也不愿意再出门四处走走看看，而是选择待在家里等死。可想而知，这个老太太郁郁寡欢地度过了人生的最后阶段。

与这个老太太完全相反，另一个老太太虽然已经70多岁了，但是她觉得人生何时开始都不算晚，而且做什么事情也与年龄没有太大的关系。为此，当萌生出要登顶日本富士山的想法之后，她马上着手准备，以70多岁的高龄开始学习登山。在成功登顶富士山之前，这个老太太好几次尝试攀登富士山，都以失败而告终，但是她从不气馁，而是再接再厉。最终，老太太创造了世界纪录，以95岁的高龄成为全世界最高龄攀登富士山的人。这个老太太就是在全世界范围内都无人不知、无人不晓的克鲁斯老太太，她学习登山时已经年逾古稀，又以95岁的高龄成功登顶富士山。不得不说，她以切身经历和成功的经验告诉全世界，成功与年纪无关，只要能当机立断展开行动，成功会青睐每一个年龄段的人。

实际上，克鲁斯老太太的成功，既与年纪无关，也与经验无关，而是取决于她积极乐观的心态。如果她也和那个消极悲观的老太太一样，觉得自己的人生已经快要到达终点，毫无希望，那么等待她的也是在郁郁寡欢中死去。正因为她拥有积极的心态，所以才能突破年龄的限制，让人生在最后的日子里绽放精彩，震惊世界。从某种意义上而言，也可以说克鲁斯老太太的长寿是因为她心中有目标，绝不愿意认输服老，所以才能青春永驻。就像人们常说的，生理年龄老并不可怕，最可怕的是心理年龄老，这才会让人感到绝望。而要想让心理年龄永葆青春，最重要的就是拥有积极的心态。

那么，如何才能让孩子成为正能量场呢？首先，父母要培养孩子积极乐观的心态。心态决定命运。心态积极的人即使面对人生的困厄，也能鼓起勇气砥砺前行，超越困境成就自我。而心态消极的人在面对人生的诸多困境时，往往还没有努力就先放弃，可想而知，这样的人根本没有成功的希望可言。对于孩子，父母一定要以鼓励为主，以批评和打击为辅，即使批评也要讲究方式方法，不要一味地打击孩子，而要教会孩子改正错误和提升自我的方式。其次，父母要培养孩子分享正能量的意识，让孩子有意识地向身边的人传播正能量。唯有如此，孩子才能真正成为正能量的中心，不断地把正能量辐射到自己的周围。总而言之，让孩子成为正能量场并非一件简单容易的事情，唯有先引导孩子形成积极乐观的性格，拥有不断向上的心态，孩子才能以强大的内心战胜逆境，也给予身边的人正面的作用力和影响力。

　　作为父母，除了要向孩子灌输各种充满正能量的思想和观点之外，还要以身作则，给孩子树立积极的榜样。如果父母一遇到挫折就沮丧绝望，孩子是不可能拥有乐观心态的。当有了孩子，父母再也不能完全自由，合格的父母必须每时每刻都想方设法引导孩子，给孩子树立榜样，为孩子传递正能量，才能让孩子拥有充满正能量的人生。当孩子成为正能量场，他们不但会给予身边的人积极的引导，还会在传递正能量的过程中，使自己变得更加强大，让自己的心态更乐观，能量更强大。

第 06 章
危险认知情商：危险无处不在，
教会孩子勇敢说"不"

如何拒绝他人？这个问题对于很多成人而言，都是难题，更何况对于孩子呢？这是因为拒绝的目的不仅是使人知难而退，而且要维持人际关系。其实，要想恰到好处地拒绝，最重要的是要对事情有正确的看法，其次才是运用语言。很多事情就像是冰山一样浮在海面上，孩子只能看到露出海面的冰山一角，而父母要做的是引导孩子看到隐藏在海面之下的冰山主体。

不要害怕拒绝

从心理学的角度而言，说"不"是一种能力。尽管"不"只是简简单单的一个字，说起来很简单，也很容易，但是在具体的情境中，要通过说"不"表达自己的拒绝之意，说"不"就成为高难度的事情，会让孩子抓狂。难道一味地接受他人的意见，满足他人的要求，就会有好人缘吗？当然不是。事实告诉我们，当一个人成为老好人，从来不拒绝他人，渐渐地，他的好就会变成理所当然的，对维护人际关系并无益处。孩子要想建立良好的人际关系，要想尊重自己的内心，就要学会拒绝，这样才能经营好人际关系，让自己变得更加快乐。

现实生活中，有很多孩子和成人都不会拒绝，不能从容地对他人说"不"。他们对于他人总是过于友善，甚至因为不懂得拒绝而让自己陷入病态之中。不可否认的是，人人都是这个世界上独一无二的个体，一个人哪怕再怎么委曲求全改变自己，也无法迎合所有人，更不可能得到所有人的认可和赏识。而在此过程中，他们却委屈了自己，不能坦然说出自己的心声。为了避免孩子遭遇这样的窘境，父母一定要引导孩子学会拒绝，教会孩子不管是对于父母，还是对于同学等，都要勇敢地拒绝，尊重自己的思想和意识，学会说"不"。

第06章
危险认知情商：危险无处不在，教会孩子勇敢说"不"

豆豆4岁了，读幼儿园小班。原本，豆豆在家里接受父母和长辈无微不至的照顾，生活得无忧无虑，不管是吃的喝的还是玩的，只要家里有的东西都属于豆豆，所以豆豆从未有过和其他孩子分享东西或者抢夺东西的经历。然而，进入幼儿园之后，豆豆不能继续待在家里享受父母精心的照顾了，这才暴露出性格上的弱点，那就是不懂得拒绝。

一天中午吃饭时，正好有豆豆最爱吃的糖醋排骨，为此豆豆很开心。然而，豆豆的同桌奇奇也特别爱吃糖醋排骨，为此，平日在家中霸道惯了的奇奇直接把勺子伸进豆豆的碗里，把豆豆的糖醋排骨抢走了。豆豆很委屈，吃饭的时候闷闷不乐，然而她却敢怒不敢言，最终饭也没吃完。当老师问豆豆为何没把饭吃完时，豆豆才"哇"的一声大哭起来："奇奇把我的糖醋排骨抢走了。"这个时候，奇奇已经把碗里的饭菜吃得底朝天了，老师问豆豆："豆豆，你要拒绝奇奇啊，现在他已经把糖醋排骨吃完了，老师再给你去食堂要几块，好不好？"豆豆眼含着泪花点点头，老师从食堂要回来糖醋排骨，对豆豆说："豆豆，以后再遇到这样的情况，一定要第一时间拒绝，知道吗？奇奇不能抢你的糖醋排骨，你要保护好自己的糖醋排骨，好不好？"然而，老师的鼓励收效甚微，后来老师发现豆豆非常被动，即使玩具被其他小朋友抢了，也忍气吞声。后来，老师特意把这个情况反馈给豆豆的爸爸妈妈，让爸爸妈妈在家里也经常教豆豆拒绝，勇敢说"不"。

大多数不善于拒绝他人的孩子，内心都是胆怯的，他们害怕拒绝不能生效，所以总是委曲求全，忍气吞声。曾经有心理学家经过研究发现，那些不懂得拒绝的孩子，在成长过程中也被父母多次否定和限制过，可以说，他们不但行为受到约束和禁锢，思想也受到约束和禁锢，这样一来，他们总是以"不许"限制自己，渐渐地对于"不"就有了很高的敏感性。由此一来，当面对需要拒绝他人的情况时，他们也在潜意识里避免说"不"，以此避免再次给自己的内心带来伤害。

如果孩子不敢说"不"、不敢拒绝是家庭成长环境导致的，父母就要渐渐放松对孩子的过度管教，给予孩子更加适度的成长空间。父母要记住，孩子虽然因为父母来到这个世界上，但孩子是一个独立的生命个体，也许在最初降临人世时需要父母的照顾，然而随着渐渐成长，他们越来越要求自信和独立，也更加需要广阔的成长空间。父母唯有学会放手，才能给孩子最适宜的爱。

还有些孩子不善于拒绝，完全是因为善良，他们害怕拒绝会伤害他人，所以不惜委屈接受他人的请求来伤害自己。不得不说，这种在人际交往中委曲求全的方式是不能长远的，只是权宜之计。没有人能委屈自己一辈子，而且过度的宽容和友善还会导致他人更加变本加厉，提出非分的请求，所以父母要引导孩子学会拒绝，以此教会孩子给人际交往设定合理的阈值，从而维持人际交往良性发展，健康循环。总而言之，孩子唯有学会拒绝，维持好人际交往的平衡，才能让自己和他人都收获快乐。

独立，让孩子充满拒绝的自信

什么是独立？仅仅是形式上的独立，并不能支撑起孩子拥有自信和坚强的心。只有精神上的真正独立，才能为孩子拒绝他人提供力量，让孩子拥有自信，充满勇气。由此可见，要想让孩子学会拒绝，父母首先要让孩子真正独立，不但行动上不依赖他人，内心也要做到坚强自信。这样一来，即使拒绝后有不好的结果，他们也可以坦然承受。否则，过度依赖必然成为孩子的致命伤，让孩子在无形中就把别人看得非常重要，并且让自己的一言一行都接受他人的评价，内心也为了迎合他人，得到他人的认可和赞赏，而委屈万分。长此以往，孩子必然会丧失自我，迷失在一味的迎合与奉承之中。

也许有些父母觉得孩子还小，没有主见，其实不然。几个月大的孩子就会表现出自己的喜好，而一岁多的孩子就会坚定地想要完成自己想做的事情，更别说随着年龄的增长，孩子在渐渐长大了。特别是三四岁的孩子正处于人生中的第一个叛逆期，12~18岁的孩子正处于人生中的第二个叛逆期——青春期，这些阶段的孩子都很有主见。对于三四岁的孩子，父母一定不要一味地要求孩子听话，而要学会尊重孩子，并给予孩子更多独立选择的空间。至于青春期的孩子，相信很多父母都会有深刻的感触。青春期的孩子非常敏感，自尊心也很强，他们半大不小，自觉对人生有了见解，但实际上还略显稚嫩，需要父母和老师给予指导和引导。也可以说，青春期的孩子正处于社会化的关键时期，只有顺利度过青春期，孩子才可能成为合格的社会人。

乐乐12岁，读小学5年级，是个非常有主见的孩子。有一次，班级里要举行作文比赛，很多学习成绩出类拔萃的孩子受到老师的邀请后都犹豫不决，都表示要回家和父母商量一下。但是乐乐却当机立断地报了名，老师笑着问："乐乐，你需要回家和父母商量一下吗？"乐乐毫不犹豫地表态："不需要，因为爸爸妈妈经常说学习是我自己的事情。"

原来，很多父母都会以各种奖励督促孩子学习，乐乐的爸爸妈妈却总是告诉乐乐"学习是你自己的事情"，渐渐地，乐乐考试成绩好了也从不要求奖励，但是父母会酌情给予乐乐一定的奖励，又向乐乐强调是对乐乐努力的奖励，而不是因为乐乐考试成绩好。就这样，乐乐觉得学习是自己的事情，在学习上从来不奢望得到父母过多的奖励，但依然很努力。乐乐没有和父母商量，就报名参加作文比赛，正是自信在支撑着他，让他拥有勇气。

作为父母，爱孩子既是本能，也是智慧。明智的父母不会无原则地宠溺孩子，更不会让自己任何时候都成为孩子的依靠。否则，日久天长，孩子就会形成依赖心理，渐渐地，孩子在人生之中会更多地在乎和看重他人的想法，而忽略了自己的内心。在适宜的时候，父母还应该激励孩子自己做出决定，而不要过多地参考他人的意见。从谏如流是好的，但是如果时时处处都参考他人的意见，则会导致孩子陷入被动。

对于年龄相对较大的孩子，父母还要告诉他有意识地战胜过度依赖的弱点。例如，当觉得自己想要向他人征求意见，而理智上却知道自己可以独立做出决定时，要马上离开能够依赖的人和事物。在家庭生活中，对于孩子可以决定的家庭事务，父母要有意识地尊重和采纳孩子的意见，让孩子在家庭生活中主动承担更多的责任与义务。总而言之，每个人都必须成为自己的主宰，而不要做人生的奴隶。当孩子能够力排众议而坚持自己的选择和决定时，孩子就真正成长为人生的强者了。当然，孩子独立自主的能力也并非朝夕就能养成的，父母要承担起引导孩子独立做决定、支持孩子决定的责任，以给予孩子力量、信心和勇气。

拒绝的方式有很多种

很多成人之所以害怕拒绝,是因为担心拒绝会伤害原本良好的人际关系。当然,这样的担心也并非没有道理。没有人愿意被拒绝,人人都希望自己的请求能够得到重视和满足。所以在拒绝的时候,一定要讲究方式方法,坚决杜绝盲目和不恰当。人人都希望自己有和谐融洽的人际关系,孩子也是如此。然而,一派安乐的情景并非要牺牲自己的想法而换取。只要掌握好拒绝的时机,选择以恰当的方式拒绝他人,那么孩子不但可以坚持自己的想法和做法,还可以恰到好处地拒绝他人,保护他人的自尊,也不至于引起他人的反感。

学会拒绝他人,并非简简单单地说"不",而是高情商的表现,也是一个人能够恰如其分地控制好自己情绪的表现。很多人都知道要控制好自己的情绪,不要让情绪如同脱缰的野马一样肆意奔腾,而实际上,除了控制自己不生气、不发怒之外,学会拒绝也是控制好情绪的重要方面。尤其是在人际沟通的过程中,学会拒绝,更是能大幅提升孩子的沟通能力,并帮助孩子合理维护自身的权益。

有一天,思思带了一本很有趣的书去学校,这本书当时风靡校园,为此思思的同桌佩佩也很想看。然而,这本书是妈妈专门托人从外地的书店购买的,思思非常爱惜,所以舍不得借给佩佩看。但是,思思又想到老师经常教育他们要学会分享,团结友爱,所以不好意思直接拒绝佩佩。思思想了想,才对佩佩说:"佩佩,这本书我还没有看完呢,暂时不想借给别人看。如果你想看,我可以拜托妈妈让她的朋友也帮你买一本,邮寄过来,可以吗?"佩佩没有零花钱,所以不能自己做主,因而对思思说："我回家问问爸爸妈妈，如果他们同意我买书，我就告诉你，好不好？"

就这样，思思巧妙地拒绝了佩佩借书的请求，而且还给出了解决的方案，那就是可以请妈妈拜托她的朋友也帮佩佩买一本。佩佩虽然被拒绝了，却也说不出什么来，反而还很感谢思思的热心帮忙呢！

在这个事例中，如果思思勉为其难地把书借给了佩佩，佩佩虽然得到了满足，但思思心中却会很难受，也很别扭。时代发展到今天，教育更加以人为本，也主张尊重孩子的个性和天性。在这种情况下，一定要尊重孩子的意愿，不要强迫孩子必须先帮助他人或者和他人分享。即便是孩子自己，也要遵从自己的内心做出选择和决定，这样才是尊重和爱护自己的表现。所以思思为了遵从自己的内心，选择拒绝佩佩的请求，是她的权利和自由。

为了维护与同桌佩佩之间的良好关系，聪明的思思采取了直接拒绝的方式，同时给了佩佩另一个选择，那就是可以在思思妈妈的帮助下买书。这样一来，又解决了佩佩想看书的问题，佩佩自然不会抱怨思思。

父母一定要教会孩子更多拒绝的方式，也要引导孩子维护好他人的自尊与面子，不要让他人下不来台。其实，不仅孩子拒绝的时候要注意到这些方面，成人也是如此。只有掌握拒绝的技巧和方式，才能让拒绝恰到好处，以维持与他人之间的良好关系。

远离诱惑，避免误入人生的雷区

随着年龄的不断增长，孩子越来越渴望独立，然而孩子缺乏人生经验，对于人生的感悟也不够深刻，所以当面对诸多诱惑的时候，充满好奇的他们往往会无法按捺住心中的冲动，甚至受到不良诱惑。这些不良诱惑一定会影响孩子的成长，也让孩子的心理不健康。要想保证孩子的健康成长，作为父母，就要帮助孩子提高辨识诱惑的能力，区分哪些诱惑是对成长没有任何好处的，从而让孩子远离不良诱惑，健康成长。

当然，远离诱惑也是有技巧的，在掌握技巧的情况下，再结合人生经验进行判断，孩子就能避免陷入人生的雷区。首先，要远离诱惑的成因，如有的孩子特别喜欢玩网络游戏，甚至因此影响了正常的学习和生活，那么父母就要为孩子营造良好的生活环境，让孩子远离网吧等容易对孩子产生诱惑的场所。当孩子独自面对诱惑的时候，也应该学会拒绝。例如，在学校里，同学邀请孩子去玩网络游戏，孩子应该主动拒绝："谢谢，我还有作业没有完成呢，你先去吧！"当然，这么做的前提是，先让孩子意识到网络游戏对于他的学习和生活产生的危害，这样孩子才能主动自发地远离诱惑。由此可见，让孩子形成正确的观点和意识，是让孩子远离诱惑的关键。其次，父母可以引导孩子认识到接受诱惑的严重后果。例如，要让孩子远离赌博，就要让孩子意识到赌博给人生带来的危害。再次，父母可以帮助孩子制订切实可行的计划，从而帮助孩子取得进步，最终形成对诱惑的抵抗力。最后，父母不要过于高估孩子的自制力和自律力，很多孩子，还是需要监督，才能更好地贯彻执行远离诱惑的计划的。毕竟每个人的自控力都是有限的，而且孩子往往自控力更弱。在这种情况下,父母适度的监督会让孩子更加具有自我约束力,也有所顾忌,因而更加坚决地抵制诱惑。为了帮助孩子提升自控力,父母还要适时给予孩子鼓励和奖励,这样才能强化孩子的正确行为。

自从升入初中之后,乐乐的活动范围越来越大,也完全实现独立,平日里出门都是和同学结伴而行,很少再与父母结伴了。对于乐乐的表现,父母当然看在眼中,欢喜在心里,尤其是妈妈经常感慨:"眨眼之间,曾经那个抱在怀里的小婴儿就长大了。"为了帮助乐乐杜绝诱惑,妈妈也专门阅读了相关书籍,而且对乐乐展开了安全教育。

一天,班级里有个男生过生日,特意邀请了十几个男生和他一起庆祝。因为庆祝的次日就是休息日,所以在那个男生的父母预定的酒店里用餐之后,他们又去了KTV唱歌。十几个男生简直玩疯了,突然,小寿星神秘兮兮拿出一包如同药丸一样的东西分给同学们,让每个人都吃一粒,并且告诉大家:"保证你们飘飘欲仙,非常快活。"听到这句话,乐乐突然意识到:莫非这就是传说中的摇头丸?乐乐没有立刻吃下不知名的药丸,而是仔细观察首先吃下药丸的小寿星,果然小寿星就像嗑药一样变得非常兴奋。小寿星要求每个人都吃下药丸,乐乐当即拒绝:"我很容易过敏,不能吃任何药品。"看到乐乐义正词严且没有任何商量的余地,小寿星只好作罢。看到乐乐不吃,还有几个同学也当场拒绝了小寿星的要求。

不管是什么形式的毒品,孩子都不能沾染,否则就会让自己陷入被动的状态之中,甚至从此以后对于任何毒品都没有抵抗力。父母一定要告诉孩子,有些事情即使再好奇,也不能轻易尝试。唯有始终端正心态，坚持正确的态度，孩子才不会抱有侥幸心理，才会始终警钟长鸣，提高警惕，保护好自己。

对于那些不良诱惑，父母一定要告诉孩子坚决抵抗，而不要任由孩子怀着好奇心去尝试。在孩子表现出不该有的好奇心时，父母也要第一时间警示孩子，而不要等到事情发生再追悔莫及。对于不良诱惑，孩子在拒绝时理应态度坚决，避免模棱两可。原则是不可打破的，必须坚持原则，以理性和坚定不移的态度拒绝他人，孩子才能避免误入人生的雷区。

尊重自己，就是不盲目迁就他人

在人际交往中，沟通是桥梁，正是通过沟通，人们才能了解他人的想法，表达自己的想法，也才能与他人相互理解。然而，每个人都是独立的生命个体，每个人都有自己的想法和主见，所以在人际交往中出现分歧也就不足为奇了。在与他人意见相左的时候，怎么做才合适呢？最佳的办法不是据理力争，也不是强硬地要求他人顺从自己，更不是马上对他人缴械投降，一切都由他人说了算。最佳的办法是问清楚自己的心，了解自己的想法和决定，然后尊重自己的选择，而不盲目地迁就他人。

很多孩子从小习惯了父母的安排，因而性格变得很怯懦，也把对父母的依赖延伸到他人身上，总是忽略自己的想法，更多地迁就他人。实际上，这除了使自己迷失之外，对于人际交往没有任何好处，因为一味的迁就渐渐地会变成理所当然，而如果遇到也希望找到依赖的人，反而会因为软弱怯懦招致他们的反感。所以采取不卑不亢的态度，既尊重自己，也以恰到好处的方式和分寸尊重他人，才是最理性和最正确的。

小敏从小就是个独立的女孩，结婚之后，她也始终坚持工作，不愿意凭着老公的高收入辞职在家当家庭主妇。对于小敏的选择，老公也非常支持。然而，近来，因为老公的姐姐要来家里借住的事情，小敏与老公发生了争执。

原来，大姑姐在老家生活，趁着暑假要带孩子来弟弟所在的大城市开眼界，好好玩半个月。大姑姐理所当然要住到弟弟家里，还告诉弟弟提前为她准备好床上用品。因为在大姑姐心中，和弟弟是不需要客气的。听到老公说大姑姐要来家里住，而且要住半个月，小敏当即表示反对。小敏建议出钱给大姑姐定宾馆，但是老公却说："这是我的亲姐姐啊，来住半个月怎么了，我上学的时候姐姐可没少帮我，而且家里的确空出来一间卧室啊！"无奈，小敏只好同意，心中却很不乐意。大姑姐来到弟弟家，就像在自己家一样自由自在。她没有带化妆品，而是使用小敏的化妆品，小敏次日就买了一套化妆品送给大姑姐。后来，大姑姐居然打开小敏的衣柜，找到小敏的睡衣替换，这让小敏忍无可忍，对大姑姐说："姐姐，您的到来已经影响了我的正常生活，我是否可以给您订五星级酒店呢？"大姑姐当即发飙："这是我弟弟家，我为何住酒店呢？而且住酒店做饭也不方便，天天在外面吃多不卫生啊！"小敏不卑不亢："这是您弟弟的家，也是我的家，我不喜欢和外人一起住。"结果，大姑姐当天就收拾行李气鼓鼓地回家了，还扬言再也不会来弟弟家。

如果小敏在大姑姐来之前就态度坚决地拒绝，那么就没有后面的不愉快了。为了维护老公的面子，照顾老公的感情，小敏选择了委曲求全，最终还是因为大姑姐不把自己当外人、给自己的生活带来影响而说出了真实的想法，气得大姑姐当天就愤怒地离开。很多事情，拒绝的时候一定要当机立断，要尊重和相信自己内心的想法，而不要盲目顺从。否则，先是同意而后又拒绝，还不如一开始就直截了当拒绝效果更好呢。

尊重自己，就是不盲目迁就他人，如果不能确定自己可以一直委屈下去，与其等到接受之后再拒绝，还不如直截了当拒绝，这才是最好的拒绝方式。在教会孩子拒绝他人时，父母也要告诉孩子这个道理，这样才能避免孩子因为错失拒绝的时机而得罪他人，使得人际关系破裂。

第07章
语言情商提升：培养孩子自我表达的能力

　　自我表达能力的培养和提升，对于每个孩子来说都是非常重要的，这是因为沟通是人际相处的桥梁，如果没有沟通，人与人之间就会变得非常陌生，根本无法真正实现融合与互动。唯有积极的沟通，才能让孩子打开与外部世界互动的渠道，也才能让孩子建立良好的人际关系，拥有好人缘。即使对于成人而言，沟通也是生活和工作中的必备技能。所谓言由心生，良好的沟通能力，是孩子具有高情商的表现之一。

学会使用肢体语言

很多人都误以为沟通只局限于语言方面,殊不知,沟通不但指的是用语言进行的沟通,也包括面部表情和肢体语言。尤其是肢体语言的沟通,甚至比语言的运用范围更广泛,而且也会在各个年龄段、不同肤色的人群中起到表达的作用。所以在培养孩子语言表达能力的过程中,父母也要有意识地教会孩子使用肢体语言。

细心的朋友们发现,很多善于演讲的人都很擅长使用肢体语言。在演讲的过程中,他们时不时地挥舞手臂,有的时候还会振臂高呼,马上就能调动起听众的积极性,让听众热情高涨。

为了提升孩子的肢体语言表达能力,父母首先要告诉孩子不同的肢体语言代表什么意思,只有让孩子看懂肢体语言,孩子才能恰到好处地运用肢体语言。例如,拥抱代表热情、握手代表友好等,这些都是最常用的肢体语言。为了训练孩子习惯于使用肢体语言来表达情绪情感,父母还可以采取做游戏的方式,如规定在3分钟内不能用嘴巴表达,而只能采取肢体语言的方式传情达意。在这样的过程中,孩子必须使用肢体语言,才能实现与他人的沟通和互动,以此不断锻炼孩子的肢体语言表达能力。此外,可以教会孩子在演讲过程中使用肢体语言,当孩子感受到肢体语言在演讲中的力量，他们更会积极地使用肢体语言，也会在生活中不知不觉间运用肢体语言。

在心理学领域曾经有人提出，一个人语言表达能力的高低，取决于好几个因素，诸如语言占7%的作用，声音占38%的作用，而肢体语言居然占到55%左右。正是这几个因素相互密切配合，发挥作用，才能完整地表达信息，传情达意。由此可见，人与人之间的沟通，主要依靠肢体语言进行。又因为语言是有意识地组织和表达，相比之下肢体语言更多地发自潜意识，是无意识做出来的，所以肢体语言更加真实和贴近人的内心。只需要仔细观察一个人的手势动作，我们就能了解到他内心的微妙变化，以及他的思想意识到底是怎样的。由此，父母一定要重视培养孩子的肢体语言表达能力，也要教会孩子最大限度地运用肢体语言传情达意。

思维有条有理，说话井井有条

很多孩子说起话来颠三倒四，根本无法做到条理清晰，对此，父母觉得是因为孩子缺乏语言表达能力。殊不知，孩子说话颠三倒四只是表面现象，最根本的原因在于孩子的逻辑思维混乱，没有一定的规律可循。正如人们常说的，语言是思想的外衣，孩子只有具备清晰的逻辑思维，才能保证表达井井有条。由此可见，要想提升孩子的语言表达能力，最重要的在于培养孩子的思维逻辑性和连贯性。

等到孩子进入小学三年级开始写作文，很多父母会为孩子的作文逻辑思维混乱而烦恼，而且想提高孩子的作文能力会很难，因为孩子的思维此时已经基本形成，而文字和语言一样，也是思想的外衣。由此可见，提升孩子的思维能力一定要趁早，父母不要觉得孩子小时候说话东一句西一句很好玩，实际上，如果父母能及早培养孩子思维的逻辑性和连贯性，不仅能提高孩子的口头语言表达能力，还能提高孩子的书面语言表达能力，间接地提升孩子的作文能力。

才上幼儿园大班的杰米很爱表达，然而他说起话来非常啰唆，不但没有条理性，也抓不住重点，常常是颠三倒四说了半天，别人却不知道他在说什么。

一天放学回家，杰米着急地告诉妈妈："妈妈，老师说不上学得请假。我明天不上学。老师说明天要打防疫针，我知道打防疫针特别疼，我不上学。我还会哭呢，就是这样'呜呜呜'地哭，老师说男子汉还哭，简直太丢人了。但是，我就是不上学。"妈妈完全摸不着头脑：既然明天要打防疫针，为何老师还让孩子请假呢？妈妈决定给老师打个电话问问详细情况。和老师通完电话，妈妈才明白杰米把意思都说错了。原来，杰米听说明天要打防疫针，非说自己怕疼，要请假不上学，不打防疫针。老师安慰杰米男孩子打防疫针不能哭，而且不上学必须由妈妈请假。弄清楚原委，妈妈引导杰米："杰米，明天幼儿园有什么活动啊？"杰米回答："打防疫针。"妈妈又问："打防疫针疼不疼，杰米喜不喜欢打防疫针？"杰米回答："很疼，杰米不打喜欢防疫针。"妈妈笑着问："那么，杰米要怎么做？"杰米赶紧央求妈妈："杰米明天不上学，妈妈帮杰米请假。"从表面看来，已经弄清楚事情原委的妈妈完全没有必要再问杰米一遍，而实际上，妈妈是按照事情的因果顺序询问杰米的,这样一来,就相当于帮助杰米捋清了思路。在妈妈耐心的帮助和引导下,杰米的表达能力越来越强,说话也越来越有条理了。

那么,如何做才能培养孩子思维的逻辑性,让孩子说起话来井井有条呢?

首先,父母必须意识到一个问题,那就是孩子的思维能力并非完全天生的,后天的培养对于孩子的思维能力会起到很大的作用。只靠着死记硬背,孩子也许能够应付几次当众表达,但是这是舍本逐末的行为,根本无法彻底解决问题。最重要的在于,父母要帮助孩子整理清楚思维的框架,就像写作文前要写大纲一样,孩子进行语言表达之前同样要整理自己说话的思路,知道自己到底想表达什么,顺序如何,重点在哪里。从本质上而言,只要整理出框架,掌握顺序,再把握好逻辑上的重点,孩子的表达就会秩序井然,富有层次。

其次,父母应该给孩子做好榜样。在任何家庭中,父母的榜样作用都不容忽视。当然,并不是每个父母都是表达高手,而且有些父母因为文化层次不够,说起话来也会颠三倒四。在这种情况下,当父母意识到孩子的语言表达逻辑混乱时,就要有意识地提升自身的语言表达能力,给孩子树立好的榜样。对于全家总动员的提升语言表达能力活动,父母可以组织家庭读书会。多多读那些优秀和经典的作品,对于提升思维的逻辑性和语言表达能力都是有很大好处的。如果一味地诉说不能让孩子真正领会到井井有条表达的魅力,父母可以鼓励孩子把要说的话写下来。和口头表达相比,文字表达显然对语言进行了精加工,让孩子的语言表达更趋于理性。

从本质上而言,说话就像是把一颗颗散落的珍珠和贝壳串成项链,项链是否美丽,在于能否按照一定的顺序,形成一定的规律,让人感受到美的韵律。父母需要注意,孩子语言表达能力的提升是循序渐进的长期过程,唯有多多引导孩子进行语言表达,也帮助孩子感受到语言的力量和魅力,孩子才能更加积极地思考,形成有逻辑性的思维习惯。

高情商,助力孩子即兴演讲

演讲,是熟练运用语言,且能够发挥语言的力量和魅力的一种方式。和有准备的演讲相比,即兴演讲对于孩子更是一种锻炼,当孩子能够在临时得到选题的情况下即兴发表演讲时,就意味着孩子拥有超强的逻辑思维能力,也完全能够操控语言,运用语言来传情达意,达到预期的表达目的。实际上,即兴演讲并非仅仅指狭义上的演讲,当把即兴演讲的范围扩大,就会发现即兴演讲也包括与他人之间即兴的交流。其实,除了预先有计划的交流,大多数交流都是即兴进行的,如孩子与他人的交流往往是即兴的。正因为很多交流在真正发生之前没有预期,也无法进行准备,所以相当一部分孩子都恐惧与他人交流,这是因为他们的表达能力还足、心理素质不好。

父母要想提升孩子的情商,就要有意识地培养孩子的语言表达能力,更要让孩子拥有良好的心理素质,绝不能因为面对陌生人或者即将要进行一场交流而心生恐惧。实际上,不仅仅是孩子,就是成人在面对即兴演讲时,或者是毫无准备就要当着众人讲话或者要与陌生人交流时,内心也会感到紧张。曾经有记者经过调查发现,那些整日在聚光灯

第07章
语言情商提升：培养孩子自我表达的能力

下生活的歌星，在演唱会正式开始之前，也会紧张到要窒息，还有少数歌星因为紧张，甚至把歌词都忘记了。既然大明星都是如此，作为普通人，尤其是孩子，面对即兴演讲感到紧张就是情有可原的，完全无须为此而感到自卑。

为了提升孩子即兴演讲的能力，在日常生活中，父母可以随意地给孩子设定小小的选题，或者由孩子自己确定题目，进行临场发挥。在父母面前，孩子往往是最轻松随意的，所以让孩子紧张的即兴演讲练习选择在父母面前展开，也是很合理的，能够有效缓解孩子的紧张。当然，不管孩子有怎样的表现，父母都不要指责孩子，而是要给予孩子大力支持和鼓励，这样孩子才能表现得更好。所谓熟能生巧，当孩子在一次又一次即兴演讲的过程中变得气定神闲，不再感到紧张，那么孩子的语言表达能力就会得到大幅提高，孩子的情商也会更加提高。

在最初进行即兴演讲的时候，如果孩子太紧张，脑海中一片空白，父母可以为孩子适当放宽即兴演讲的标准和要求，如允许孩子拿出纸和笔，给孩子几分钟时间，让孩子简单地在纸上写下要演讲内容的框架。这对于孩子而言就是一种提醒，以便在他们忘记自己要说什么的时候，看到纸上的内容点，能够马上受到启发，甚至滔滔不绝地讲起来。当然，因为纸上所写的内容是要带到演讲台上的，所以父母要提醒孩子，只能写下关键词作为提醒之用，而不能写得密密麻麻，否则一旦紧张起来，只怕连写的内容都看不清楚。

在孩子进行即兴演讲之后，父母还要针对孩子的演讲进行简单的点评。要注意，点评应该以激励和认可为主，以批评为辅。提醒孩子注意控制语速，突出重点，在演讲即将结束的时候进行总结，这些对于提升孩子的即兴演讲能力都是有很大好处的，也能让孩子的即兴演讲事半功倍。总而言之，孩子的语言表达能力原本就处于发展阶段，父母要给予孩子足够的信心和勇气驾驭语言，而不要让孩子对语言产生畏惧心理。等到孩子基本掌握语言表达技巧之后，父母还可以针对孩子的语言表达水平进行提升训练，有的放矢地提升孩子的语言表达能力，让孩子成为善于表达的社交达人。

演讲前，要做好充分准备

在参加一场正式的演讲之前，孩子是有很多时间进行准备的。随着年龄的不断增长，孩子的语言表达能力越来越强，孩子总有机会参加演讲。从本质上而言，很多大学毕业生在参加面试时的自我介绍，实际上就是一场微型演讲。所以每对父母都要有意识地帮助孩子掌握演讲的技巧，并督促孩子做好演讲的充分准备，使孩子重视每一场演讲，也争取在每一场演讲中都收获圆满的结果。毕竟，学会演讲不但对于孩子的成长有很大的好处，对于成人也是必不可少的一种能力。尤其是现代职场，每个人都要学会自我推销，演讲水平的高低往往决定了自我推销的结果。

那么，面对一场正式的演讲，怎么做才算是准备充分呢？首先，要确定演讲的题目，演讲题目的确定关系到演讲的成败，只有精彩的演讲题目才能吸引听众的注意，也才能让演讲者发挥得淋漓尽致。需要注意的是，演讲可以选择那些关于热爱祖国、思考人生的题目，而不要选择关于学习的题目。最好的演讲题目中就包含着论点，达到开门见山、一针见血的效果，也能最大限度地吸引听众的注意力。其次，演讲者在撰写演讲稿之前，为了避免跑题，要先根据演讲题目列出大纲。一篇演讲稿最好以"总—分—总"的格局进行，这样一来，才有点题—生发—总结的效果。再次，在进行演讲准备的过程中，最重要的一个环节是在演讲过程中加入肢体语言。肢体语言的加入一定要非常自然，而不要有违和感，这就要结合演讲的具体内容去设定，如什么时候微笑，什么时候握紧拳头，什么时候挥舞手臂，这些看似随意做出来的表情动作，实际上都要经过精心设计。最后，再充分的准备，最终也要落实到实际行动中，才能真正成就完美的演讲。此外，演讲者在演讲过程中还要注意控制语速，调节好声调等。

此外，在演讲结束后，为了提升演讲能力，演讲者还要养成反思和总结的好习惯。为了促使自己不断进步，演讲者还可以询问听众的意见和建议，做到有则改之、无则加勉。毕竟当局者迷，旁观者清，也许听众的中肯建议就会给予演讲者极大的进步空间。

总而言之，一场演讲要想取得成功，一定要提前做好充分的准备工作。如果事先没有进行准备，即使再优秀的演讲者，也无法让演讲尽善尽美。所谓智者千虑，必有一失，愚者千虑，必有一得。演讲者必须不断地推敲和斟酌演讲稿，才能让自己考虑得更周全，也真正把演讲完美推进。

也许有些父母会说，孩子没什么机会演讲。不得不说，这就是父母的失职了。由于身心发展的限制，孩子往往比较贪玩，无法主动为自己找机会演讲。而作为父母，在意识到演讲的重要性之后，可以有意识地从生活和学习中寻找机会，让孩子演讲。举个最简单的例子，逢年过节的时候全家人聚集在一起庆祝节日，趁着人多热闹，就可以让孩子进行演讲。这样一来，不但可以锻炼孩子的胆量，也可以培养孩子即兴演讲的能力，为孩子的正式演讲做好准备，何乐而不为呢？只要成为有心人，不管是父母还是孩子，都能够找到机会演讲，也能够有效地提升孩子的语言表达能力，彰显孩子的高情商。

学会倾听，才能让沟通更顺畅

在培养和提升孩子语言表达能力的过程中，父母还需要注意的是，不要忽略了培养孩子的倾听能力。真正的高情商者，在与他人的沟通中，会把表达放在第二位，而把倾听放在第一位。这是因为他们知道倾听不但是尊重他人的表现，而且能够借此机会更多地了解关于他人的信息，也为顺畅的沟通奠定基础。所以高情商的人绝不会在最初与他人沟通的时候就滔滔不绝，而是会最大限度地发挥耳朵的作用，用心地倾听他人。

当然，倾听绝不仅仅是发挥耳朵的作用这么简单，真正的倾听要很用心，而且在倾听的过程中要给予对方恰到好处的回应。例如，时不时地点点头，必要的时候表示惊讶，或者提出一个简单的问题，这样都能让诉说者受到极大的鼓舞，从而继续说下去。需要注意的是，给予回应要看准时机，恰到好处，而不要不合时宜地打断对方的话。打断对方的话，不但会导致对方的思路被打断，使对方原本准备说的内容因此而忘记了，还会使对方感觉自己不受尊重，惹恼对方。所以一个真正的倾听者会把握好倾听的原则和要素，也能掌握好给予对方回应的好时机，这样一来，也许倾听者并没有说太多的话，就给倾诉者留下了很好的印象，甚至被倾诉者夸赞为是最好的交谈对象。这都是会倾听的魅力。

有一天，亚洲去参加公司的年会。在宴会上，亚洲被安排和其他部门的同事坐在一起，与亚洲相邻的是一位年轻女孩。酒过三巡，吃喝的节奏渐渐慢下来，相邻的同事们都开始窃窃私语。亚洲看到身边的女孩戴着一条有印度风格的木质项链，忍不住夸赞："我觉得您的项链有异域风采，比起那些金银珠宝显得更有品位，格调高雅。"看到亚洲居然认出自己的项链来自异域，女孩非常开心，当即滔滔不绝地讲起自己去非洲旅游的经历。

对此，亚洲一直侧耳倾听，当听到女孩讲起惊险的旅游经历时，亚洲还会不失时机地唏嘘，表示惊叹。就这样，一个晚上的时间很快就过去了，亚洲听得认真，女孩讲得尽兴。宴会结束后，女孩还主动留下亚洲的联系方式，没过几天就邀请亚洲一起吃饭。得知亚洲没有女朋友，女孩更是表现出对亚洲的强烈好感。

如果不是因为善于倾听，也善于赞美，亚洲如何能得到女孩的关注和青睐呢？实际上，亚洲并没有做什么特别的事情，在真心诚意赞美女孩的木质项链之后，亚洲主要的行为就是一直在倾听。不过，亚洲是很善于倾听的，他时不时地给予女孩回应，由此一来，女孩对亚洲好感顿生。

不管是在成人世界，还是在孩子的世界，倾听都很重要。如今，很多孩子都是独生子女，习惯了做事情由着自己的性子，也常常不管不顾地打断他人的话。实际上，表达能力固然重要，但用心地倾听更能够得到他人的好感和认可。唯有真正用心地倾听他人，并给予他人最真诚友好的回应，孩子才能以倾听打开他人的心扉，为自己赢得他人的尊重和欢迎。

积累素材，让沟通底蕴丰厚

很多人都觉得说话是很简单的，上下嘴皮子一碰，就能把话说得很好听。其实不然，说话可不仅仅是发出声音这么简单，真正的说话是表达，是要传情达意的。所以在说话的时候，也许只是一句话，就会给人留下不同的印象。作为父母，要想提升孩子的情商，让孩子成为高情商的人，就一定不要忽略孩子的语言表达能力。当然，话并非想说好就能说好的，父母还要引导孩子积累说话的素材，让沟通底蕴丰厚，才能让沟通事半功倍。

沟通，是人际交往的桥梁，一个人通过语言表达彰显自己的性格，传达自己的思想，表达自己的感情，也通过他人的表达了解他人的方方面面。当然，我们无法决定他人的表达处于什么样的水平，但是我们却可以决定自己的表达处于什么样的水平。如果孩子以丰厚的底蕴与他人展开交流，他人必然会对孩子刮目相看。当然，底蕴并非与生俱来的，需要父母的培养。提升孩子底蕴的方式有很多，如培养孩子看书的好习惯，既可以看文学书籍，也可以看百科知识，这样孩子在语言表达的过程中，不知不觉就会表现出文学素养与博学多才，即使与不同的人交流,也能找到合适的话题,让沟通进展顺利。

乐乐从小就喜欢读书,自己通过看动画片读字幕认识了很多字,才5岁就独立阅读了日本黑柳车子的代表作《窗边的小豆豆》。啃下这块硬骨头之后,他更是对阅读产生了浓厚兴趣,总是热衷于买书、读书。才小学五年级,他就读完了很多名著,还因为平日里喜欢看百科知识,对于很多知识都很了解。

一天,作为护士的妈妈邀请同事来家里做客,饭桌上说起有个同事生了双胞胎。乐乐马上问妈妈:"她生的是同卵双胞胎,还是异卵双胞胎啊?"听到乐乐的提问,同事简直被吓到了:"你知道什么是同卵双胞胎,什么是异卵双胞胎吗?"乐乐不以为然地说:"当然。同卵双胞胎就是一个卵子,两个精子。异卵双胞胎就是两个卵子,两个精子。"同事惊诧地看着妈妈,妈妈无辜地说:"不是我告诉他的啊。我直到学医,才知道原来双胞胎也分不同的类型。"说完,妈妈转向乐乐:"但是,你到底是怎么知道的呢?"乐乐哈哈大笑起来:"我上次买的书上就有啊,就是关于人体知识的。"妈妈对此难以置信:"你看完就记住了?"乐乐点点头:"我说的到底对不对?"妈妈彻底折服,连声说:"对,对,完全正确。"

常言道:行家一出手,就知有没有。放在乐乐身上,应该改成"行家一张口,就知有没有"。乐乐说出来的知识,估计很多不接触医学知识的成年人,都不知道。而乐乐看了课外书之后,就把知识记住了,简直让学医的妈妈和她的同事都刮目相看。

古人云:读万卷书,行万里路。如今,随着交通的发达,越来越多的孩子有机会走出家门,开阔眼界,然而旅行不能成为生活,而读书却可以渗透到生活中的每一天。父母要引导孩子养成爱读书的好习惯，也可以教会孩子朗读，这样孩子才会对阅读产生浓厚的兴趣，并更好地吸收知识。

除了以旅行、读书等方式帮助孩子开阔眼界、积累谈话素材之外，父母还要多多引导孩子进行思考。例如，在日常生活中，每当看到一些热门的话题，就可以和孩子进行热烈的讨论，从而让交流更深入。孩子的脑袋瓜儿一定会越用越灵活，也会因为养成了思考的好习惯，在生活中更多地用心思考，让自己的见解更有深度。

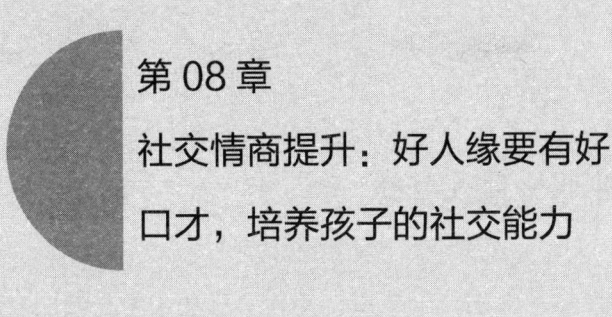

第08章
社交情商提升：好人缘要有好口才，培养孩子的社交能力

孩子总有一天要长大，从襁褓里的小婴儿，到不断地成长，开始走出家门，与小伙伴玩耍，再到进入学校，成为社会的小小成员，最后长大成人，成为独立的社会成员，孩子要经历漫长的成长过程。然而，从在父母的翼护下，到独自面对人生，孩子必然要适应，才能融入人群，成为合格的社会人。要想让孩子受到他人的欢迎，成为社交达人，父母就要用心培养孩子的好口才，提升孩子的社交情商，帮助孩子顺利融入社会，同时游刃有余地应对社会交往。

设身处地为他人着想

如今很多孩子都是独生子女，受到父母和家中长辈的宠溺，习惯于独霸家里的一切资源，如好吃的、好喝的、好玩的等，渐渐养成了自私的习惯，在父母和长辈的疼爱与宠溺中，他们渐渐形成以自我为中心的思想习惯，很少为他人着想。如此一来，在步入社会后，孩子开始与同龄人接触和相处，必然会因为自私而导致与同龄人产生冲突。年幼的孩子会争抢各种食物和玩具，大一些的孩子会对同伴十分冷漠，无法做到与同伴友好相处。这一切，必然导致孩子在人际关系中陷入被动的局面，导致孩子的人际关系紧张。

要想帮助孩子提升社交情商，父母一定要教会孩子设身处地为他人着想，这样孩子才能学会分享，学会换位思考。对于孩子的社会交往而言，设身处地为他人着想的能力是非常重要的，能够帮助孩子理解和体谅他人，并有效改善与他人之间的关系。从心理学的角度而言，很多人都有述情障碍，表现为无法用语言表达自己的情绪，也无法有效理解他人的情绪。众所周知，沟通是人际交往的桥梁，如果存在述情障碍，则意味着人际沟通的渠道被阻断。这种情况，也会出现在孩子身上，而消除述情障碍的关键就在于，孩子要能够共情，即理解他人的情绪，也以自身的情绪与他人产生共鸣。

下课铃响了，老师刚刚宣布下课，小林就急急忙忙朝教室外跑去，不小心撞到了走在他前面的同学朱朱。朱朱很恼火，因而当即生气地质问小林："你没长眼睛啊，这么撞我！"小林看起来一脸内急的样子，对朱朱说："对不起，我着急上厕所。"不想，朱朱依然不依不饶："非得把屎尿都憋成这样才上厕所，早干吗去了！真是猴急猴急的，老师就不该下课，让你继续憋着！"听到朱朱的话，小林也不由得生气起来，愤怒地说："你可真恶毒，下次就该轮到你拉裤子了！"就这样，小林非但没有上厕所，反而与朱朱你一句我一句地吵起来，还推推搡搡地开始动手。

其他同学赶紧把老师喊来，知道小林内急，老师让小林先去上厕所，回来再处理问题。得知事情的始末后，老师先是教育小林以后走路要小心，接着又问朱朱："你受伤了吗？"朱朱摇摇头，老师说："班级里这么多同学，偶尔有同学着急，不小心碰到是难免的，你应该学会设身处地为同学着想啊！如果是你内急，你是不是也会因为着急而出现碰到其他同学的情况呢？"朱朱不以为然地说："我才不会这样呢。我会提前上厕所，不会等到憋不住的。"老师追问朱朱："你能保证自己绝对不会出现这样的情况？"朱朱点点头。老师反问："那么，如果你喝多了水，或者闹肚子呢？"朱朱显然没有预料到这样的情况，因而一时之间不知道该说什么。老师语重心长地对朱朱说："每个人都会遇到危急情况，与人方便就是与己方便，不要总是揪着别人的错误不放，而要更加体谅别人，这样当你也遇到危急情况的时候，才不会抓瞎啊！"老师的话让朱朱陷入沉思。

的确，如今有很多孩子都缺乏共情能力，他们平日里接受父母的照顾，但是在父母生病之后，却依然对父母颐指气使，抱怨父母不能继续照顾自己。不得不说，这样的孩子是非常自私的，他们不能共情主要是因为自私，不能体谅他人。在这种情况下，父母要多多引导孩子，也要学会向孩子示弱，求助于孩子，这样才能有效地培养孩子理解和体贴他人，帮助孩子经营好人际关系。

要提升孩子的共情能力，除了要在生活中经常求助于孩子，索取孩子的帮助之外，父母还可以创设很多情境，让孩子假设自己是某种情境的主角，从而帮助孩子设想自己如果置身于某种情境会怎么想、怎么做。渐渐地，当以这种方式丰富了自身的感受，在发现他人处于这样的情境之中时，孩子就能够更好地为他人着想了。

此外，引导孩子敏感地体察他人的情绪变化，对于提升孩子的共情能力也有好处。很多孩子并非不愿意为他人着想，只是不能敏感地捕捉他人的情绪，所以导致感觉迟钝，也忽视了他人的情绪和需求。如果父母引导孩子敏锐觉察他人的情绪变化，孩子在这个方面的表现就会有很大的进步。当孩子拥有共情能力，就会对他人的经历感同身受，也会更主动地帮助他人，安抚他人的情绪，这对于孩子理解和体谅他人，控制好自身情绪，以及卓有成效地帮助他人，都是大有裨益的。

幽默，是人与人相处的润滑剂

在人际交往的过程中，语言作为沟通的媒介和桥梁，时常面临尴尬的境地。这是因为每个人都是独立的生命个体，每个人都有自己的脾气秉性和思想意识，因而人与人之间难免会有意见向左的情况发生，也会因此而发生争执，甚至陷入尴尬和冷场的境地。在这种情况下，一味地僵持并不利于解决问题，最有效的方法是以幽默作为润滑剂，打圆场，转移话题或者转移交谈者的注意力，从而有效地融化人与人之间的坚冰，让人际关系变得缓和和友好。

很多人都误以为开玩笑就是幽默，其实不然。开玩笑既有低俗的玩笑，也有高雅的玩笑，而幽默却是智慧的最高表现形式之一，也只有高情商的人才能运用智慧，表现出恰到好处的幽默。在人际交往中，幽默的人总是受人欢迎，也会得到人们很高的评价，他们寓庄于谐，以幽默的语言给人带来快乐，也针砭时弊，揭露事情的本质矛盾。可以说，幽默是一举两得的，幽默的语言既丰富，也富有哲理性，所以才会受到很多人的欢迎和喜爱。

从某种程度上而言，人们在交谈中所得到的乐趣，绝大部分都归结于幽默。幽默不但给人带来快乐，也能够调整人的情绪，让人驱散低沉抑郁的情绪，找回积极乐观的状态。幽默的人不管面对怎样的窘境，都能从容应对，以幽默为武器反驳他人，既保持了良好的气氛，也达到了反击的目的，是维持良好人际关系的重要手段。在培养孩子情商的过程中，父母要帮助孩子学习幽默，也以幽默为孩子营造良好的沟通氛围，从而让孩子在幽默中成长，也接受幽默的熏陶，最终具备幽默的能力。

有一次，卓别林独自带着钱在路上走着，突然，有个强盗手举着长枪，站在卓别林面前，对着卓别林说："别动，赶紧把钱交出来。"普通人遇到这样的事情，一定会吓得不知所措，不过，卓别林可不是普通人，而是著名的喜剧演员，是极具天赋的幽默大师。为此，卓别林面色平静，对强盗说："我当然可以把钱交出来，毕竟我还想活命呢，但是这些钱也不是我的，我还得回去向主人交差呢！要不，你对着我的帽子打两枪吧，这样我回去对主人就有交代了。"强盗看到卓别林可怜兮兮的样子，按照卓别林的话去做了。等到强盗打完两枪，卓别林又恳求道："请您再对着我的衣服开两枪吧，这样我至少可以向主人证明，在遇到强盗的时候，我的确是拼死搏斗了。"当强盗照做之后，卓别林又哀求强盗对着他的裤腿再开两枪。强盗架不住卓别林的哀求，又对着他的裤腿开了一枪，等他准备开第二枪的时候，才发现枪里没有子弹了。原来，强盗的子弹打光了，卓别林趁机与强盗搏斗，带着钱逃走了。

卓别林不愧为著名的幽默大师，能够在紧急情况下保持镇定，并且以幽默消除了强盗的警惕心理，哄骗强盗把所有子弹都打光了，这样一来，强盗再也没有任何武器可以与卓别林对抗，卓别林则可以借机逃跑。幽默是人际交往的润滑剂，即使在与强盗的较量中，也能达到卓有成效的润滑效果。

父母要想让孩子成为处处受欢迎的人，就要努力培养孩子的幽默能力。现代社会，每个人都承受着巨大的压力，孩子也不例外。父母要尽力为孩子营造良好的交谈氛围，让孩子感受幽默的魅力和力量，这样孩子才会更加充满智慧，并运用智慧的力量为自己加分。

遗憾的是，现实生活中，很多父母都思维僵硬，没有赤子之心。在对待孩子的时候，父母也总是以成人的思维揣度孩子，甚至和孩子说话时也丝毫没有童心。不得不说，是父母的僵硬和墨守成规，让孩子的思维受到很大的局限，导致孩子的幽默能力受到限制。在日常生活中，父母作为陪伴孩子成长的人，既要承担起照顾孩子的重任，又要保持一颗童心，这样才能更亲近孩子，消除与孩子之间的隔阂。为了培养与孩子的感情，与孩子共同欢乐，父母可以和孩子一起欣赏幽默精彩的语言类节目，如小品、相声等，让孩子在潜移默化中接受幽默语言的熏陶，以使孩子变得越来越机智幽默。

学会赞美，赢得他人喜爱

现实生活中，很多人对自己不满，觉得自己不够优秀和完美，也对这个世界不满，觉得世界上缺少美，生活也总是很艰难。殊不知，这个世界上并不缺少美，缺少的只是发现美的眼睛。正如有人曾说的，世界折射在每个人眼中的样子，取决于每个人的心。从这个角度而言，要想看到美好的世界，每个人首先要调整自己的心态，唯有心态平和，对世界充满爱，才能感受到世界的美好。

有一天，妈妈带着飞宇参加婚礼。在婚礼上，飞宇看到新娘子，当即感慨道："这个新娘子真漂亮啊，就像仙女下凡，是仙女新娘子！"新娘子听到飞宇的赞美，高兴极了。

妈妈笑着问飞宇："飞宇，你怎么这么会说话了呢？"飞宇对妈妈说："老师告诉我们，要不吝啬赞美别人，而且新娘子真的很漂亮。"妈妈问飞宇："你还记得你小时候喝喜酒，总是说新娘子不漂亮吗？"飞宇不好意思地说："那时我还小，不懂事，妈妈你就不要再提啦！"

可爱的飞宇真心诚意地赞美新娘子，对于正处于人生中最重要时刻的新娘子而言，自然大喜过望，毕竟每个女孩最大的心愿就是成为世界上最美丽的新娘。当然，女孩都是贪心的，不但想要得到爱人的赞美，也想要得到每一个人的赞美。正因为如此，飞宇的赞美才能成功打动新娘子的心，让新娘子喜不自禁。

只有善于发现他人优点的人，才会赞美他人。否则，如果一个人总是对于他人的优点和长处无动于衷，又因为心胸狭隘，总是吝啬赞美他人。那么日久天长，他的人缘就值得担忧了。赞美，对于他人而言是最好的礼物，而对于送出礼物的人而言，也是最容易得到和赠送的礼物。当然，赞美也是有原则的，例如，要赞美他人显而易见的优点，而不要睁着眼睛说瞎话，赞美他人根本没有的优点。此外，除了赞美他人明显的优点之外，还可以赞美他人不为人所关注的优点，这些优点都是隐藏起来的，所以能够表现出赞美者的用心，也会给被赞美者留下好印象。

除了要对他人的优点进行赞美之外，赞美还要讲究时机。好的时机，会让赞美事半功倍，不好的时机，只会让赞美取得完全相反的效果。所以父母在教会孩子赞美时，也要从各个方面引导孩子，这样才能让孩子学会赞美，也真正把赞美运用得炉火纯青。对于一个不但情商高，而且会赞美的孩子，谁还能有抵抗力呢？也许孩子想圈粉，只需要会赞美就足够了。

学会示弱，以退为进

在人际交往的过程中，每个人作为独立的生命个体，都有自己的脾气秉性和价值观点等。在沟通过程中，遇到意见相左的时候，人们彼此之间难免会产生矛盾和纷争。一味地想要说服对方未必是好方法，一旦引起对方的警惕，就会导致沟通无法进行下去。其实，中国是人情社会，人与人之间要讲究情分，当对方不愿意有任何退步的时候，与其一味强求，不如主动退让一步。所谓退一步海阔天空，也许主动退步之后反而能够打动对方，让对方也主动做出让步呢？所以说，示弱既是对对方谦让的表现，也是以退为进的人际交往策略。在社会生活中，只有懂得示弱，学会以退为进，才能达成目的，实现最初的目标。

孩子年龄还小，喜欢据理力争，很少有孩子懂得示弱的道理。在教养孩子的过程中，父母一定要给孩子做出好榜样，不要总是当着孩子的面咄咄逼人，否则就会使孩子也变得很强势。其实，人与人相处原本是美好的事情，完全没有那么多的原则性问题需要争个你死我活。明智的人在遇到非原则问题时，不会咄咄逼人，而是会更加理性地处理问题，在必要的时候适当让步，这样才能给孩子树立好榜样，也才能让孩子在潜移默化中受到影响，掌握人际交往的技巧。

这个世界上，地球离了谁都能转，人与人之间也没有绝对紧密、不可疏离的关系。认清这个道理，人们才能把人际关系看得平淡和松懈一些，也不会因为意见不同而与他人发生争执。高情商者总是与人为善，不但能友善对待他人，也能宽容和接纳他人与自己不同的意见和观点。示弱，是高情商者尤其擅长使用的人际交往策略，往往能够取得很好的效果。

清朝的乾隆皇帝最喜欢才子纪晓岚，几次微服私访都带着他，平日在皇宫中也最喜欢和他打趣逗乐。有一次，乾隆皇帝觉得无聊，突发奇想，想测试纪晓岚作为大才子到底有多么聪明。为此，他当即派人把纪晓岚召入皇宫，直截了当地问纪晓岚："纪晓岚，什么叫忠孝？"纪晓岚没想到皇帝要测试他，当即毫不迟疑地回答："所谓忠孝，就是君叫臣死，臣必须死；父让子亡，子必须亡。前者为忠，后者为孝，两者合二为一，就是忠孝。"

纪晓岚的回答正中乾隆皇帝的下怀，乾隆皇帝当即对纪晓岚下令："好，朕赐你一死，让你尽忠。"纪晓岚虽心中震惊，但是表面上却不动声色，他知道皇帝不会无缘无故赐死自己，但是君无戏言，他也不能明目张胆地忤逆。为此，他对着乾隆皇帝三拜九叩，然后就退下了。看到纪晓岚一去不复返，乾隆皇帝未免有些慌张：这个纪晓岚，不会真的尽忠去了吧！他可不想让聪明绝世的纪晓岚死啊，在焦心如焚中，大概又过去半炷香的时间，纪晓岚终于惊慌失措地回来了，他直接跪拜在乾隆皇帝面前。乾隆皇帝这才放下心来，脸上却装作暴怒的样子："纪晓岚，你胆敢不忠吗？"纪晓岚委屈地说："皇帝恕罪，我的确去跳河了，但是屈原突然现身，怒斥我'你个纪晓岚真是糊涂，我当年是因为楚怀王昏庸才跳河自尽，你如今有幸伴随在明君身旁，如何能死呢？！'我转念一想，觉得屈原说得有道理，又因为见到屈原的魂魄惊慌失措，所以特意赶回来向您汇报这件事情。"听了纪晓岚的回答，乾隆皇帝不由得拍案叫绝，也给自己找了个台阶下，说："你可真是铁齿铜牙纪晓岚啊！"

常言道，伴君如伴虎，对于纪晓岚而言，虽然他深得乾隆皇帝的喜爱，但是君主高高在上，也是不能造次的。为此，纪晓岚明知乾隆皇帝不可能无缘无故赐死他，却不敢违抗乾隆皇帝的命令，只得在乾隆皇帝命令他"尽忠"的时候，三拜九叩后离开。看着纪晓岚一去不返，乾隆皇帝反倒心中没底，生怕失去了爱卿纪晓岚。不想，纪晓岚很快又回来了，而且假借屈原之口，赞美乾隆皇帝贤明。最终，乾隆皇帝不得不自己找台阶下，还说纪晓岚是铁齿铜牙呢！

日常生活中，孩子只有掌握与他人相处的技巧，才能最大限度与他人建立良好的关系，也让自己收获好人缘。首先，当与他人交往中遇到障碍时，父母一定要告诫孩子不要盲目地卖弄口才，企图生硬地说服别人，而要运用智慧，以智慧取胜，这样才能一举两得，既能够实现目的，又能够维护他人的颜面。其次，在与他人有纷争的时候，要学会降低自己的身份，从而间接地抬高他人，这样一来可以满足他人爱面子的心理，二来也可以表现出自己的谦逊和大度。最重要的一点在于，要认真倾听对方所说的每一句话，而且要认可对方的能力，这样才能得到对方的宽容对待。总而言之，在与人交往的过程中一定要诚恳，既不要妄自菲薄，也不要妄自尊大，只有不卑不亢，真诚友善，才能得到他人同样的对待。

如何安慰他人

常言道：人生不如意十之八九。在现实生活中，几乎人人都有自己的烦恼，因为没有任何人的人生是绝对平顺的。很多父母都抱怨生存的压力太大，肩负着沉甸甸的担子，实际上，不仅成人觉得生存艰难，孩子也同样面临巨大的压力。为了不输在起跑线上，很多孩子都在父母的安排下参加各种补习班，与此同时，他们还要兼顾学校里的学习。

当然，孩子的生活中也并非只有学习这一项，很多时候，孩子也要面对方方面面的苦恼，诸如与朋友之间的小小争执，在比赛中没有取得好名次，或者是父母经常吵架，常常在一起玩的邻居小朋友要搬家等，这些事情都会在孩子的心中激起涟漪，也会给孩子带来很多困惑和烦恼。每当这时，孩子都需要安慰，也需要他人的支持和鼓励来度过艰难的人生阶段。

当然，凡事都是相互的，不仅孩子需要得到其他小朋友的安慰和鼓励，其他小朋友也同样需要安慰和鼓励。因而孩子不仅要敏锐地觉察到自身的情绪需求，也要意识到其他小朋友的情绪变化和心理状态的改变。唯有如此，孩子才能主动关心他人，也给予他人恰到好处的安慰。当然，安慰他人的时候，孩子还需要注意一点，那就是安慰要讲究方式方法，也要把握合适的时机。否则，不合时宜的安慰只会让人感到难堪和尴尬。

一直以来，小叶都是个直脾气，说起话来总是直来直去，为此不知道无意中得罪了多少人。在一次考试中，小叶的同桌飞宇因为没有好好复习，成绩一落千丈，下降了很多个名次。飞宇生怕回家被爸爸妈妈骂，担忧不已。前后座位的同学都在安慰飞宇呢，有的说"飞宇，你就算成绩下滑了，也考得比我好"；有的说"飞宇，下次认真复习，名次马上就上来了"；还有的说"飞宇，一次失败不代表什么，继续努力就好"；只有小叶直截了当地说："飞宇，你考试不好就是活该，谁让我那天提醒你复习，你不以为然的。"飞宇狠狠地瞪了小叶一眼，没有接话。

小叶尽管说出了真相，也的确是为了飞宇好，想让飞宇吸取教训，但是他说话的方式却不得当。原本飞宇就因为没考好正在忧愁呢，小叶的话无异于火上浇油。而其他同学所说的，如"飞宇，你就算成绩下滑了，也考得比我好"，则能有效地安慰飞宇，也让飞宇意识到自己要想更加出类拔萃，必须非常努力，否则就会和成绩很差的同学在一个队伍中了。

所以，在安慰他人的时候，首先要设身处地为他人着想，一定要避免做出火上浇油的事情，以免加剧他人的痛苦。常言道，人非圣贤，孰能无过。现实生活中，每个人都会犯错误，最重要的不是逃避错误，而是在错误的基础上积极地思考，改正错误，让自己得到提升和进步。常言道，会说说得人笑，不会说说得人跳。在日常生活中，父母要多多提醒孩子注意讲话的方式方法，把话说到他人的心里去，也让他人心甘情愿接受劝诫，这才是与人交流的最高境界。

安慰他人尽管是好事情，不会说话的孩子却会不小心在他人的伤口上撒盐，从而导致人际关系恶化。父母唯有教会孩子说话的技巧，让孩子掌握安慰他人的精髓，孩子才能把安慰的话说得恰到好处，从而与他人建立良好的关系。

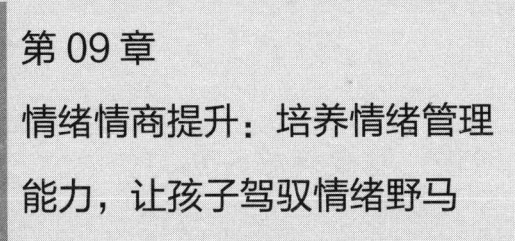

第 09 章
情绪情商提升：培养情绪管理能力，让孩子驾驭情绪野马

所谓高情商，就是能够控制好自身的情绪，成为自己的主宰。很多人在情绪面前总是轻易缴械投降，这是因为他们不知道如何调整情绪，更不能管理好情绪。要想提升孩子的情商，父母一定要注意培养孩子的情绪管理能力。尤其是在孩子情绪冲动的时候，父母要教会孩子方法，让孩子成功地驾驭情绪这匹野马。人生总是有不如意的事，还会有一些突发情况发生，如果孩子总是因为愤怒而失去理智，让坏情绪占据主导位置，那么就会导致严重的后果，甚至为此而追悔莫及。老司机都知道，在遇到红灯的时候，宁停三分，不抢一秒，那么当孩子在遇到坏情绪频繁亮起红灯的时候，父母也要告诉孩子"宁停三分，不抢一秒"的道理，提升孩子的情绪情商，让孩子从容应对坏情绪。

有的时候，需要转移注意力

对于坏情绪的到来，很多人都会措手不及，这是因为情绪的变化之快让人防不胜防。在积极的情绪状态中，人们总是斗志昂扬，精神振奋；在消极的情绪状态中，人们又会垂头丧气，无精打采。这都是情绪惹的祸，也由此可以看出情绪对人的影响作用很大。

尤其是孩子，情绪更是来得快，去得也快。俗话说，五月的天如同孩子的脸，说变就变，这句话恰恰从侧面验证了孩子的情绪化，当孩子陷入愤怒的情绪，或者变得冲动暴躁时，父母要怎么做呢？一味地压制孩子的情绪，显然不是好的选择，毕竟孩子的情绪如同流水，宜疏不宜堵，而且孩子也比较感性，缺乏理性，所以孩子是很难理智地控制自身情绪的。遇到这种情况，明智的父母会及时疏导孩子的情绪，如果孩子不想接受疏导，父母要给予孩子一定的时间和空间，让孩子自己恢复冷静和理智。

真正明智的人不会总是让愤怒控制自己，相反，他们会拼尽全力主宰自身的情绪，让自己恢复理智。每个父母都希望孩子幸福快乐，然而，让孩子幸福快乐的前提是，孩子必须身心健康。人有七情六欲，过度的悲喜会给人体带来实质性的伤害，而绝不仅仅是影响心情那么简单。从这个角度而言，父母必须引导孩子调节情绪，控制情绪，主宰情绪，这样孩子才会更加理性，不断成长，收获幸福充实的人生。

虽然父母生养了孩子，把孩子从襁褓中的婴儿养育成健康的幼儿，直到少年、成年，但是父母未必完全了解孩子。即便父母子女之间非常亲密，也会发生各种争吵和矛盾。当与孩子发生矛盾时，父母一定要保持理智，不要和孩子一样陷入冲动状态，甚至对孩子歇斯底里。因为这种状态只会导致孩子的情绪更差，更加崩溃。当孩子的情绪濒临崩溃的边缘时，父母一定要保持冷静，及时转移孩子的注意力，这样才能避免孩子继续抓狂，也才能让孩子控制住情绪，给予情绪一定的缓冲和恢复时间。

也许有的父母不认可这种转移注意力的方法，实际上，这种方法在短期内是非常有效的，尤其是对于冲动的情绪状态而言，可以起到很好的缓冲作用。当然，转移注意力，是指把孩子的情绪情感、欲望、意志等，都转移到与引发激烈情绪不相干的事情上。当孩子通过转移注意力的方法有效控制住情绪，那么孩子内心的压力就会暂时得到缓解。当然，这也许不是彻底解决问题的方法，但是却能够最大限度地缓解孩子的激动紧张、躁动不安，从而给予孩子时间和空间来进行深度调节。

那么，有哪些方式可以帮助孩子转移注意力呢？首先，孩子都是爱玩的，如果用玩具或者有趣的游戏来吸引孩子，效果往往会很好。其次，孩子的专注力还相对较弱，在父母有意识的转移下，孩子往往能够尽快从负面情绪中走出来，让自己从哭脸变成笑脸，这对于孩子而言是很理所当然的。最后，熟悉的环境总是给人带来相似的感受，如果父母用了很多种方法都无法成功转移孩子的注意力，那么就给孩子换个生活的环境，效果一定会很好。当环境改变时，孩子的注意力也会马上转移，也就摆脱了负面情绪，让自己恢复快乐轻松。总而言之，父母不要让孩子长久地沉浸在负面情绪中，也不要任由孩子被负面情绪侵蚀。

在家庭生活中，父母要给孩子做好榜样。例如，当在生活中遭遇坎坷挫折的时候，不要一味地沉浸于负面情绪，而要有意识地改变自己，调整情绪，哪怕是稍微改变一下生活的细节，诸如买一束鲜花放在卧室里，或者买一盆绿植放在办公桌上等。很多时候，生活的确是需要小确幸的。不管生活多么艰难，父母都要告诉孩子：生活不止眼前的苟且，还有诗和远方。父母除了把孩子抚养长大，也有义务带着孩子奔向诗和远方。无数事实向我们证明，父母对于生活的态度，将会对孩子的人生起到至关重要的作用，甚至决定孩子未来的人生模式。所以每一对父母都不应该对生活苟且，而要努力用心地生活，让原本暗淡的生活绽放出绚烂的光彩。

学会倾诉，让心从不孤独寂寞

众所周知，在人际交往的过程中，一个人要想受到他人的欢迎，就要学会倾听，而不要总是自顾自地说话，丝毫不在乎他人是否在倾听，也根本不关注他人的态度。的确，善于倾听的人都有好人缘，这是因为他们认真用心地倾听，能够打开他人的心扉，也能够拉近与他人之间的距离。然而，仅仅有倾听还是不够的。前文说过，有的成人会出现述情障碍的情况，其实这种情况在孩子身上也会发生。所谓述情障碍，顾名

第09章
情绪情商提升：培养情绪管理能力，让孩子驾驭情绪野马

思义就是人在表达自身情感的时候遇到阻碍，无法顺畅表达，此外，有述情障碍的人在倾听他人时也同样有障碍，即他们无法完全理解他人的感受和情绪状态。为了消除述情障碍，孩子既要学会倾听，也要学会倾诉。沟通总是双向的，只有沟通的渠道畅通无阻，孩子的心才不会寂寞，也才能在人际交往中与他人建立良好的关系。

倾诉对于孩子而言是很重要的，因为每个孩子都是独立的生命个体，都有自己的脾气秉性和情感状态。情绪就像流水，只能疏通，而不能堵塞，如果孩子产生了很多情绪，却没有找到合适的渠道宣泄和倾诉，那么对于孩子的成长是没有好处的。

记得在一部影片中，梁朝伟扮演的男主角对着毛巾和肥皂倾诉失恋的痛苦，实际上，倾诉的时候有听众固然好，如果没有听众，就算是对着墙壁把内心的苦闷说出来，也能在一定程度上消除当事人的忧愁苦闷。随着社会的发展，人们的经济水平和物质生活水平越来越高。很多孩子吃穿不愁，更是有很多玩具和书籍，但是唯独缺少对挫折和磨难的承受能力。从出生开始就一切顺遂如意的他们，根本承受不起小小的打击，些微的压力就能让他们痛不欲生，不得不说，现在大多数孩子都有一颗玻璃心，非常脆弱和无助。要想增强孩子的承受能力，父母就要教会孩子及时疏导和宣泄不良情绪。作为父母，也要引导孩子倾诉，更要在孩子倾诉时，充当孩子最忠实的听众。

令人遗憾的是，很多父母都不能心平气和地当孩子的朋友，更无法赢得孩子的信任。当从孩子的倾诉中发现孩子犯错误的蛛丝马迹时，大部分父母都无法淡然面对，像对待真正的朋友那样包容和宽容。相反，他们对于孩子的小小错误不断地否定、批评和指责，最终失去了孩子的

信任，再也没有机会倾听孩子的倾诉。

由此可见，要让孩子爱上倾诉，父母首先要端正态度，调整好心态，充当一位合格称职的倾听者。如果父母本身就缺乏承受能力，对于孩子的一切总是过度关注，孩子一有风吹草动就马上歇斯底里，孩子又哪里有情绪去倾诉呢？

如果孩子不愿意向父母倾诉，父母可以引导孩子写日记，或者向自己喜欢的毛绒玩具倾诉。总而言之，不管父母采取怎样的方法，只要尊重和接纳孩子的感受，就能引导孩子把情绪完全表达出来，那么孩子的情绪就能流动起来，孩子也无须承受过大的情绪压力了。归根结底，让孩子身心健康地茁壮成长，是每一个为人父母者最大的心愿。

生气是用别人的错误惩罚自己

曾经有人说，生气是用别人的错误惩罚自己，这句话非常有道理。然而，道理人人都懂，但又有几个人能够真正做到不生气，而始终保持内心的平静淡然呢？纵使知道生气是用别人的错误惩罚自己，也知道生气伤害身体，也降低智商，但是人们还是忍不住生气，这是因为情绪的变化无常让人应接不暇。

孩子在成长的过程中，从襁褓时期的无忧无虑，到渐渐成长之后有了更多的烦恼忧愁，也越来越频繁地生气。孩子生气的原因千奇百怪，也许是因为好朋友放学的时候没等自己，也许是因为爸爸妈妈一句不经意的话，或者是因为老师的误解，还有可能是因为妈妈说好要做牛排却没有做……总而言之，孩子很容易生气，这与孩子的身心发展特点密切相关。

尤其是当孩子走出家庭，脱离父母的保护，独自面对这个社会，也开始尝试着融入同学之中后，他们更是会受到外界的各种刺激，导致情绪波动很大。然而，父母却不能任由孩子的情绪像脱缰的野马一样失去控制，更不要以孩子还小、树大自直为由放任孩子。正是因为孩子小，还处于各种观念和性格形成的时期，父母才更应该抓住这个黄金时期对孩子进行引导，帮助孩子理性对待人生中的境遇。否则，一旦孩子形成了急躁易怒的性格，情绪也每时每刻都处于激动和暴躁的状态中，父母再想改变孩子就很难了。

一个不懂得控制自身情绪的孩子，情商必然很低，而且经常处于愤怒的状态之下，还会影响他们思维能力的发展，让他们受到不良情绪的负面影响，在人生之中更加被动。所以父母要教会孩子控制不良情绪，驾驭情绪这匹野马，还要告诫孩子必须控制好自身的怒气，在任何情况下都戒掉愤怒，才能让孩子平静地面对生活和学习，也才能卓有成效地培养和提升孩子的情商。

很久以前，有个男孩特别爱生气。每次，不管遇到什么事情，他都会因为愤怒而陷入歇斯底里的状态之中。渐渐地，男孩的朋友越来越少，连父母都因为不想承受男孩的坏脾气而不愿意和男孩过多交流。但是，爸爸经过一番思考，意识到不能放弃男孩，必须帮助男孩改掉坏脾气，让男孩渐渐地远离愤怒。

思来想去，爸爸想出了一个好办法。他拿出一口袋钉子和一个锤子交给男孩，对男孩说："以后，你每次生气的时候，就在你最喜欢的实木衣柜上钉上一颗钉子。"男孩舍不得往心爱的实木衣柜上钉钉子，因而问爸爸："我可以把钉子钉在其他地方吗？"爸爸摇摇头："必须钉在衣柜上，这样你才能每天看见。"仅仅第一天，男孩就在心爱的实木衣柜上钉了十几颗钉子，他心疼不已，这才意识到原来自己一天的时间里就要生气这么多次。随着时间的流逝，衣柜上的钉子越来越多，但是男孩每天发脾气的次数却在减少，因为他实在不想让衣柜变得触目惊心。一段时间之后，男孩成功地控制住了自己的坏脾气，再也不生气了。

整整一个星期，男孩都没有生气。爸爸这才相信男孩的确控制住自己的脾气了，为此，爸爸对男孩说："从现在开始，你如果能够做到一整天都不生气，就可以在夜晚入睡前拔掉一颗钉子。"衣柜上的钉子钉上去容易，要想拔掉却很困难。男孩用了很久很久，才拔掉衣柜上的所有钉子，但是看着衣柜坑坑洼洼的样子，他感到很伤心。爸爸似乎看透了男孩的心思，对男孩说："你看，虽然你已经能够控制好脾气，但是衣柜上钉钉子的痕迹却不会消失。当你把坏脾气发泄到他人身上，他人的心里也如同衣柜一样千疮百孔，留下了难以抚平的伤痕。以后，你能控制好脾气，不随随便便就生气吗？"男孩重重地点点头。

生气是用别人的错误惩罚自己，同时，也给他人的心中留下了难以抚平的创伤。每个人都需要控制自己的坏脾气，不要一遇到不如意的事情就马上歇斯底里或者怨声载道。除了切实有效地想办法解决问题之外，歇斯底里和怨声载道对于解决问题毫无益处，还有可能导致问题变得更加糟糕，无法收场，所以明智的人从来不会随随便便生气，而是理性地思考问题，真正寻求解决之道。

要想控制好情绪，就要让自己戒掉小肚鸡肠的坏毛病，并改掉爱抱怨的坏习惯。问题一旦发生，再怎么抱怨都无法改变现状，与其让自己因为抱怨而陷入更被动的状态中，还不如真正展开行动，去努力解决问题来得更实用。

不抑郁，让心底阳光普照

很多父母都误以为孩子是没有烦恼的，因而觉得孩子的人生始终阳光普照，没有任何忧愁和乌云遮蔽。其实不然，虽然有父母的呵护和疼爱，但孩子也是独立的生命个体，也需要学会独立面对人生中的风风雨雨，怎么可能没有任何烦恼呢？很多粗心的父母根本猜不透孩子的心思，对于孩子的"少年不识愁滋味，为赋新词强说愁"，父母也总是抱着一种不以为然的态度。正是因为这样，很多父母都在不知不觉中忽略了孩子的抑郁情绪，导致孩子因为抑郁做出过激的举动，父母却浑然不知。不得不说，这样的父母是不负责任的父母，是需要深刻反思自己，并且更新对孩子的教育理念，改变对孩子的教养方式的。

人有七情六欲，尤其是随着时代的发展，人的情绪也更加微妙。在很多的负面情绪中，抑郁是一种最为隐蔽、不易为人发现的坏情绪。很多抑郁的人如果不表明自身的情绪状态，其他人根本无法从他们的表现中看出端倪。正因为如此，近些年来，随着生存压力的增大，很多成人都患上严重的抑郁症，几乎每年都有年轻的女性带着孩子跳楼自杀的恶性事件发生。这些女性或者是因为家庭生活不幸福，或者是因为内心处于失衡的状态，总而言之，她们了无生趣，看不到人生的希望。没有人愿意看到这样的事情发生，但是让无数人都扼腕叹息的是，因为抑郁而结束生命的现象也渐渐侵入孩子的世界。每年，都有孩子因为不堪学业重负而自杀，其中既有小学生、初中生、高中生，也有刚刚入学或者即将毕业的大学生。这到底是怎么了？是哪里出了问题，才让人对生的恐惧远远超过了对死的恐惧，尤其是作为孩子，不是应该最怕疼的吗？是什么让他们有勇气去死，而不愿意苟且地活着呢？不得不说，孩子的自杀问题越来越严重，自杀倾向也更加明显，这不但是每一对父母必须引起足够重视的现象，也是整个社会都应该非常关注和重视的现象。

很多父母在痛失孩子之后，才意识到孩子的健康成长比所谓的学习成绩、比赛名次都重要得多。然而，他们明白这个道理是以失去孩子为代价的，很多事情一经发生，就没有了任何挽回的余地，是让人哪怕痛不欲生也不能改变的。这就是事实的代价，也是真相的沉痛。作为旁观者，在为这些稚嫩的生命感到痛彻骨髓的同时，不要痛一痛就完了，而是要努力用心地思考，如何才能驱散孩子心中的抑郁，让孩子的心底洒满阳光。

要想及时驱除孩子心底的抑郁，对于父母而言，最重要的就是了解孩子的情绪和心理状态。最可悲的父母，就是在孩子因为抑郁而做出过激举动之后，依然不知道孩子为何会这样做。所谓可怜之人必有可恨之处，这样的父母在让人同情的同时，也让人很激愤。作为父母，绝不仅仅是满足孩子的吃喝拉撒就尽到了做父母的责任，当孩子不断成长，不再局限于生理需求，而是更多地向心理需求转移时，父母也要转移重心，更多地关注孩子的内心和精神世界。父母是陪伴孩子成长，而绝不仅仅是喂养孩子,优秀的父母会明确自己的责任和义务,而不会对孩子的成长采取听之任之的态度。

对于孩子的抑郁,父母应该防患于未然,这样才能在事情发生之前及时防范。对于轻度抑郁的孩子,父母要求助于专业的心理医生,对孩子进行有效的心理疏导。而对于重度抑郁的孩子,父母绝不可以轻视和漠视,而是要求助于专业人士,甚至在专业人士的安排下给孩子服用抗抑郁的药物。需要注意的是,某个品种的抗抑郁药物被证实会让人产生自杀的倾向,父母在给孩子服用药物之前一定要慎之又慎,对孩子的生命安全负责。

孩子是祖国的花朵,是家庭的希望,每位父母都要用心,用爱呵护孩子健康茁壮的成长,而不要把自身的压力转嫁到孩子身上,更不要只要求孩子学习成绩好,而忽略了孩子的身心健康发展。生命,是一切生命活动进行的前提;健康,是人生中很多附属品前面的"1"。

控制脱缰的情绪野马

对于同一件事物,从不同的角度去看,得到的认知和印象是完全不同的。因而,很多成人都会换一个角度看待问题,从而平复自己的内心,控制自己的情绪。但是孩子则不同,孩子原本就很容易情绪激动,也是非常情绪化的,所以当孩子的坏脾气突然爆发,情绪就会像脱缰的野马一样失去控制,带来非常严重和恶劣的后果。因而当孩子出现情绪问题,尤其是当孩子陷入歇斯底里的状态中时,父母一定要帮助孩子及时疏导情绪，或者采取转移注意力的方法让孩子把关注点转移到其他方面，这样才能暂时帮助孩子控住好情绪。

一首古诗里写道，横看成岭侧成峰，远近高低各不同，就是告诉人们在观赏山峰的时候，站在不同的角度，采取不同的视角，看到的景象是完全不同的。一切事实都告诉我们，换个角度，改变视角，心境也会改变。如今有很多有趣的图片，也是通过视角的改变来让人们看到不同的情景，是非常有趣的。

其实，视角的改变不仅仅适用于图片，也适用于看待问题。很多孩子心思单纯，尤其是6岁之前的孩子，评价问题总是非对即错，非黑即白，殊不知，世界上的事情并没有这么简单纯粹。等到6岁之后，孩子才逐渐从感性变得理性，也渐渐地能够透过事物的表象看到事物的本质，认识到事物非黑即白的中间地带。因此，在6~12岁的关键时期，孩子的性格和各种观念都处于养成期，父母一定要引导孩子形成发散性思维，并引导孩子在看待问题的时候不要局限于某个角度，而是学会换一个角度，从而得到不同的视野，也让思维豁然开朗。

为了培养孩子从多个角度看待问题的好习惯，父母可以为孩子提供选题，然后有意识地引导孩子从不同的角度看待问题，思考问题。例如，在小学阶段的数学学习中，接触到应用题，涉及解题思路之后，老师会要求孩子在常规的解题办法之后，思考其他方法解答题目，这其实就是在潜移默化地培养孩子的发散性思维，也是引导孩子换个角度看待问题。思维的局限性，对于孩子的发展会起到很大的负面作用，唯有打破思维的局限性，孩子的思想才会长出翅膀，自由地翱翔。

曾经，有一个开锁大王自称能够打开天底下所有的锁，为此一个小镇上的居民特意打造了一把造型奇特、设计精巧的锁，让开锁大王去开。然而，开锁大王花费了很长时间都没有打开，不免急得满头大汗，也对于自己曾经夸下的海口深深懊悔。不想，等到他筋疲力尽地倚靠在门上的时候，才发现锁轻而易举就被打开了。原来，小镇上的居民根本就没有锁上锁，对于一把开着的锁，开锁大王如何能听到锁芯被打开时特有的响动呢？也难怪他无论怎么努力都打不开。

开锁大王之所以失败，就是因为被自己的思维局限住，他事先没有检查锁是否真的锁上，就盲目地开锁，所以才会闹出大笑话。看待问题的角度，往往是解决问题的第一步，一旦选取了错误的角度，就会让自己误入歧途。所以父母在教养孩子时，一定要开阔孩子的眼界，帮助孩子养成多视角看问题的习惯，这样孩子才能在解决问题时做到条条大路通罗马。

第10章
心态情商提升：我的人生我做主，提升孩子自我调节的能力

人们常说，心态决定人生，这意味孩子唯有拥有好的心态，才能放飞人生。然而，心态尽管看不见，摸不着，却不是每个人都能随随便便拥有的。所谓我的人生我做主，是指父母一定要帮助孩子提升自我调节的能力，让孩子成为情绪的主宰，而不是情绪的奴隶，这样孩子才能真正成为人生的主人，驾驭着人生轻舞飞扬。

管理好情绪，才能让心灵放飞

大名鼎鼎的古希腊哲学家阿基米德曾经口出狂言，说"只要给我一个支点，我就能撬动整个地球"。这样的话听起来狂妄，实际上却彰显了阿基米德的高度自信。对于每个人而言，自信都是人生中最重要的主题，自信不仅关系到人的心态，也对人生的成长起到决定性作用。尤其是人人都追求的快乐和幸福，正是必须走过自信的桥梁才能获得。所以不管是成人还是孩子，都要做到客观地认知自己，中肯地评价自己，更要完全地相信自己。相信是一种神奇而又强大的力量，自信的人无形中就具备了相信的力量。然而，又因为人生从来不是一帆风顺的，甚至不如意十之八九，所以父母要想培养孩子的自信，一定要先引导孩子管理好自己的情绪。难以想象，一个情绪如同脱缰野马一样的人，能够真正自信，并具有相信的力量。

每个人都要面对自己的情绪，孩子也不例外。任何时候，孩子都不能任由情绪如同脱缰的野马一样肆意奔腾，否则就会成为情绪的奴隶，受到情绪的伤害，也因此被情绪主宰。人们常说，人最大的敌人就是自己，其实正意味着每个人都必须战胜自己的情绪，才能超越自己，掌控命运。也许有些父母认为孩子没有正儿八经的情绪，全都是一闪而过的小孩子脾气，其实不然。父母必须重视孩子的情绪，才能引导孩子及时疏导情绪，避免冲动的情绪给孩子的成长带来负面影响。

毋庸置疑，孩子从呱呱坠地开始，就接受父母无微不至的照顾，然而，随着年龄不断地增长，孩子脱离父母的愿望越来越强烈，他们不愿意继续接受父母的指挥，迅速觉醒的自我意识命令他们要为自己当家做主。在这种情况下，父母一定要摆正心态，在孩子进行心理断奶的同时，父母也应该及时摆脱对孩子的过度依赖。没错，你看到的就是"父母也应该及时摆脱对孩子的过度依赖"。大多数人都以为只有孩子依赖父母，殊不知，父母心底里也很依赖孩子。当孩子渐行渐远，父母一开始会觉得很难受，也情不自禁想要找回对于孩子的控制权。然而，独立正是孩子成长的标志，父母只有支持孩子的独立，并用心接纳孩子的情绪，才能真正以局外人的角色客观给予孩子引导，帮助孩子疏通情绪。

这段时间，乐乐坚持要求自己上学和放学。其实，乐乐从四年级开始就为争取独立上学和放学的权利而抗争了，只不过妈妈一直不同意。然而，自从上了五年级，班级里大多数孩子都独立上学和放学了，而少数继续由父母或爷爷奶奶负责接送的孩子，总是会遭到大家的嘲笑。为此，乐乐争取独立上学和放学的态度很坚决，甚至为此开始闹情绪。

一开始，妈妈总觉得乐乐还小，闹情绪过段时间就好了。然而一段时间过后，乐乐的情绪不断地堆积，越来越严重，妈妈这才引起重视，也开始想办法疏导乐乐的情绪。妈妈试了好几种方法都没有什么结果，为此求助于爸爸。对于乐乐要求独立上学和放学的事情，爸爸并不像妈妈一样反对，反而觉得乐乐长大了，总要开始一个人面对很多事情。为此，爸爸对妈妈说："孩子的情绪宜疏不宜堵，而且这件事情的确是你多虑了。我看过乐乐过马路，还是很小心的，会左看看右看看，确定没车了才会快速通过。所以我觉得你应该放手。"当然，爸爸在接受妈妈的委托去给乐乐做思想工作时，也疏导乐乐："乐乐，你已经长大了，是个男子汉了，不要和妈妈怄气啊！这个家里，妈妈是女人，是需要男人让着的，爸爸让着妈妈，你也应该让着妈妈。你有诉求可以和妈妈说，你这样闹情绪不但伤害了别人，自己肯定也很难受，不是吗？你已经3天没和妈妈说话了，难道不觉得很憋得慌吗？"爸爸的话让乐乐忍俊不禁，他回答："我真的快憋不住了。"

爸爸语重心长地对乐乐说："有了问题，就要学会直面问题，解决问题，而不要刻意逃避。否则，你总是把情绪压抑在心里，如何解决问题呢？如果遇到一个和你一样的人，那么你们之间的矛盾只会越来越深。"乐乐觉得爸爸说得很有道理，当即表示以后遇到问题会积极解决，调整好自己，而不会故意回避了。

人是情感动物，人人都有情绪，情绪就像流水，宜疏不宜堵。对于情绪，父母要引导孩子采取积极的态度，及时疏导，避免情绪堵塞。孩子要做自己的主人，就要更加积极主动地掌控情绪，唯有能够主宰自身情绪的孩子，才是真正地成长了。

当孩子管理好情绪，真正战胜自己时，孩子的人生也会变得与众不同。但是在引导孩子的过程中，父母必须给孩子树立好的榜样。很多父母本身就容易情绪激动，常常因为各种事情而陷入怒火中烧、歇斯底里的状态，可想而知，日久天长，孩子受到父母的影响，也会变得情绪失控。人们常说，孩子是父母的镜子，这是非常有道理的。在孩子的身上，明智的父母会看到自己的样子，也知道自己要如何努力改进和提升，才能主宰自我。

好心态，成就积极人生

心态的好坏往往关系到人的一生。拥有积极心态的人，在人生之中哪怕遭遇逆境和困厄，也始终能够鼓起勇气，战胜困境；而心态消极的人哪怕得到了命运的善待，也却依然会怨声载道，觉得自己被命运亏待了。其实命运对于每个人都是公平的，上帝在为一个人关上一扇门的同时，也会给他打开一扇窗。最重要的在于，被关上门的人不要由此蒙蔽了自己的心，这样才能在上帝的心窗上看到不一样的人生风景。

为了提升孩子情商，父母一定要培养孩子拥有积极的心态。首先，父母要在孩子面前表现出积极乐观的一面，这样才能带动孩子不断努力和进步，也让孩子像父母一样心中始终充满希望。其次，在遇到糟糕的事情时，父母还要多多鼓励孩子，而不要总是批评和否定孩子。孩子正处于身心发展的阶段，缺乏人生经验，也没有形成对自己的客观认知，因而他们的自我评价主要来自父母对他们的评价。在这种情况下，父母一定要多给予孩子积极的评价，才能让孩子拥有信心。尤其需要注意的是，作为父母，千万不要给孩子贴上负面标签，否则孩子就会破罐子破摔，觉得自己也就这样了，因此自暴自弃，自我放逐。最后，父母要多多鼓励孩子，让孩子意识到好心态的重要性，也可以讲述一些关于好心态的故事给孩子听，让孩子意识到精神的力量不容小觑。

有个老奶奶，每天都愁眉苦脸地坐在家门前，从来没有高兴的时候。有一天，春暖花开，艳阳高照，老奶奶依然愁眉苦脸地坐在门前，邻居忍不住问："老奶奶，您为何每天都这么忧愁呢？"老奶奶说："我大女儿是卖伞的，一到好天气，她的伞就卖不出去了，没有收入。"邻居理解了老奶奶的苦衷，感慨道："真是可怜天下父母心啊！"

这天，天上下起大雨，老奶奶依然眼泪汪汪坐在家门前。邻居恰巧从老奶奶门前经过，纳闷地问："老奶奶，你怎么还是不高兴呢？"老奶奶一边抹眼泪一边说："我的小女儿是开染布坊的。遇到这种阴雨天，她染好了布却没有地方晒，也赚不到钱。"听了老奶奶的话，邻居转念一想，对老奶奶说："老奶奶，您都这么大年纪了，整日愁眉苦脸的，哪天才是个头啊！你为何不颠倒过来想一想呢，晴天的时候，您小女儿的染布坊生意好，雨天的时候，您大女儿的伞卖得好，这样一来，不管是晴天还是雨天，您的两个女儿都有钱赚，多好啊！"

邻居的话让老奶奶茅塞顿开，老奶奶高兴地说："是啊，她们都有钱赚，我还为何要哭哭啼啼呢？我的眼睛都快哭瞎了，以后就不用哭了！"

这是一个寓言故事，为我们揭示出心态的力量和影响。老奶奶此前是典型的消极心态，所以从来没有高兴的时候。后来，在邻居的劝说下，老奶奶采取积极的思维方式思考问题，确定不管是晴天还是雨天，两个女儿都有钱赚，自然就变得非常高兴了。

在提升孩子情商的过程中，父母一定要引导孩子采取积极的心态面对生活中的一切，从而逐渐地培养孩子积极看待问题的能力。否则，如果孩子看到什么事情都很悲观，也根本不愿意调整思路，让自己变得积极,那么孩子也会如同事例中的老奶奶一样,看到的都是消极悲观的一面,也导致自己郁郁寡欢。

学会宣泄,人生不压抑

情绪就像河流,宜疏不宜堵,尤其是对于负面情绪,更要及时找到发泄口,否则就会郁结于心,给孩子带来很大的负面影响。尤其是青春期的孩子,其内心更为敏感,感情更加细腻,因此很多青春期孩子都有情绪问题。

很多父母面对孩子的情绪问题,一味地采取压制的方式,不让孩子表达自己的情绪。这样的方式当然是错误的,也会导致孩子在长期压抑之后陷入更严重的情绪问题之中。青春期的孩子本身就情绪不稳定,因为身体的发育进入快速阶段,荷尔蒙的变化导致孩子的情绪出现生理性的波动。此外,又因为青春期的孩子有了一定的人生经验,烦恼也越来越多,所以他们在情绪体验上表现出复杂性。从本质上而言,不管是正面情绪还是负面情绪,都会导致孩子变得冲动,甚至做出让自己懊悔的举动。对于这个阶段的孩子,父母一定要多加引导,而不要总是批评和否定孩子,导致孩子的情绪更加郁结于心。

进入青春期,乐乐的情绪反应很强烈,一旦有小小的事情不合意,或者受了委屈,他就会马上爆发,情绪如同脱缰的野马一样肆意奔腾。对于乐乐这种状况,爸爸妈妈非常担心,甚至在看到乐乐歇斯底里的时候,还以为乐乐发狂了呢!为此,妈妈咨询了心理医生,想知道乐乐到底怎么了，要怎么做才能缓解这种情况。

在心理医生的建议下，妈妈和乐乐约法三章，即在感到气愤和冲动的时候，就保持情绪冷静，遵守交通常识中"宁停三分，不抢一秒"的原则，绝不让情绪马上爆发。后来，每当他们之中有一个人生气了，对方就会说"宁停三分，不抢一秒"。意识到情绪冲动会给人生带来的伤害，妈妈和乐乐都渐渐地恢复了冷静和理智。

"宁停三分，不抢一秒"是很多人都知道的交通法则，在愤怒的情况下，乐乐和妈妈相互提醒这句话，是在告诉对方情绪冲动的恶果。当然，这是正面控制情绪的方式。需要注意的是，有的时候，青春期孩子的情绪比较隐蔽，不喜欢被他人洞察。那么作为父母，一定要尊重孩子的隐私，不要觉得孩子是自己生的，自己就对孩子拥有全方位的监督权。实际上，在孩子情绪冲动的时候，父母适时地退场，反而能够给予孩子足够的尊重，孩子也能以自己喜欢的方式发泄情绪，又不必担心被父母看到会尴尬。最重要的在于，这一切都要在保障孩子人身安全的前提下进行。所谓生命安全永远放在第一位，绝不是口号，而是要切实落到实处。

在青春期，孩子的情绪表现出反应强烈的特点，与此同时，因为身心发展的规律和特点，孩子的情绪也是非常脆弱的。作为青春期孩子的父母，一定要引导孩子正确认知情绪，并教会孩子成功地梳理和驾驭情绪。只有提高孩子的情商指数，孩子才能真正管理好自己，放飞心灵。也可以说，每一位青春期孩子的父母都要充当治理者的角色，才让孩子的情绪呈现出平缓宁静的特点。对于提升情商而言，认知情绪是提升情商的第一步，在此之后，还要切实有效地管理情绪，才能让情商真正上升一个台阶。

细心的父母会发现，父母越理解孩子，孩子越能够保持情绪的平稳。否则，当正处于青春期的孩子渴盼得到父母的理解和体谅，而父母却无法给予回应时，可想而知，孩子的情绪会多么崩溃，猛烈爆发也就不可避免了。

要想疏导孩子的情绪，父母应该引导孩子找到情绪宣泄的方法和最佳途径，从而给孩子的情绪找一个宣泄口。例如，父母可以在家里设定一个情绪宣泄室，并不需要单独的房间，可以是书房，也可以是卫生间。此外，如果孩子愿意，父母也要努力用心地倾听孩子。当然，鉴于青春期孩子容易情绪冲动的特点，父母还可以提前要求孩子一定要保证人身安全，然后才能进行合理适度的情绪宣泄。有些家庭里还会准备拳击手套等运动器材，以帮助孩子进行情绪宣泄。不管以何种方式进行情绪宣泄，最重要的目的就在于帮助孩子控制和管理情绪。只有当孩子成为情绪的主人，孩子才会真正成长。

放弃，也是一种得到

人生之中，很多人都渴望得到更多，如同游戏中的贪吃蛇一样，总是不停地吞咽，导致身体太长，恨不得自己吞了自己。其实，如果贪吃蛇不那么贪吃，而是在吃得差不多的情况下就停止，它们的命运就会变得不同。然而，简简单单的取舍道理，又有谁参透之后，能真正做到呢？很多哲学家都说，人生有舍有得，放弃也是一种得到。的确，得到与舍弃之间是可以相互转化的，有的时候人们看似得到，其实失去很多；看似失去，实际上却是真正得到了。所以说，放弃也是一种得到，最重要的是要保持心的安然。

在提升孩子的情商时，父母一定要告诉孩子关于人生的道理，不要让孩子的人生过于执着，不懂得拐弯。引导孩子学会放弃的过程中，父母一定要在家庭生活中为孩子树立榜样，不要总是带着偏执生活，从而导致孩子在做任何事情的时候也总是一门心思，不懂取舍。对于生活中的很多事情，心思总要活泛一下，才能做得更好。如果总是墨守成规，不懂变通，那么生活就会陷入更加被动的状态。

升入初中之后，乐乐喜欢上班级里的一个女孩，他每天把这份喜欢藏在心里，不敢表白。然而，一段时间之后，因为脑子里每天都想着这个女孩，乐乐的学习成绩出现大幅下滑。起初，妈妈对于乐乐的异样并没有觉察，还是接到老师的电话说乐乐成绩出现波动之后，才发现乐乐单相思的蛛丝马迹。

妈妈不想厉声指责乐乐，毕竟他们母子之间已经达成和平共识，以"宁停三分，不抢一秒"为暗号，做到相互安抚情绪了。而且，妈妈也很清楚，早恋的感情如同烈火般灼热，根本不可能那么轻易消散。妈妈思来想去，决定心平气和地跟乐乐分析一下现状。看到妈妈的态度，乐乐很惊讶，也很配合，毕竟妈妈能这样淡然是很难得的。妈妈找出一张纸，和乐乐一起列举了早恋的利与弊。在综合权衡与比较之下，乐乐清楚地意识到自己只是单相思，还算不上早恋，就在初中的节骨眼上导致成绩下滑，实在得不偿失。为此，他问妈妈："我是不是应该放弃？"妈妈反问乐乐："你觉得呢？我希望由你自己做决定，而不是让我代替你做决定。只有你自己心甘情愿放弃,你才会真正放下和舍弃。"

痛定思痛,乐乐决定放弃这段单相思,而把所有的时间和精力都用在学习上。正如妈妈所说的,随着在学习上的用功,乐乐在学习成绩上有了很大提升,也成功地舍弃了单相思的苦果。这次下定决心的舍弃,让他得到了很多,后来乐乐不但顺利考上了重点高中,而且对于人生充满信心。

有的时候,舍弃就是得到。对于不该有的早恋而言,唯有适时地舍弃,才能集中精力用于学习,也才能让孩子拥有更美好和远大的前程。然而,对于青春期孩子而言,想要舍弃早恋的青涩感情并不是那么容易的事情。正如歌德所说,哪个少年不善钟情,哪个少女不善怀春。青春期孩子正处于感情萌芽的时期,当父母发现孩子有早恋的苗头时,不要过于紧张,而是要以正确的方式引导孩子,否则过于激烈的方式只会导致孩子更加叛逆。

人生,总是有舍也有得。父母要引导孩子以正确的态度面对人生之中的很多事情,尤其是要让孩子懂得取舍。让孩子明白得到和舍弃之间总是相互转化的,时候得到也是失去,有的舍弃也是得到,最重要的是拥有一颗平静淡然的心。

接纳,而不要排斥不良情绪

在成长的过程中,每个人都要学会接纳自己。也许有人会感到困惑:有谁会不接纳自己呢?的确,看起来每个人都必须接纳自己,因为不管嫌弃谁，也无法嫌弃自己，更无法改变自己。而从心理的角度而言，尽管从形式上人人都被迫接纳了自己，而实际上他们并没有真正接纳自己的情绪和情感等。接纳自己，最重要的在于接纳自己的情绪，从而卓有成效地管理好自己的情绪。

曾经有心理学家经过调查发现，因为个体差异，每个人对于自己的情绪敏感度是不同的。有的人非常敏感，能够马上觉察到自身情绪的变化，并且会积极主动地接纳自己的情绪，认知和管理自己的情绪。相反，有的人对于情绪的变化感知迟钝，总是被情绪的潮流裹挟着往前走，而无法挣脱。毫无疑问，他们是情绪的奴隶。还有第三种人，介于这两种人之间，他们尽管能够清晰认知自己的情绪，也可以做到接受和适度调节自己的情绪，但是他们却充满惰性，缺乏行动力，不愿意以实际行动主动迎接情绪的挑战。正是基于这个原因，他们在人生之中往往有截然不同的表现。他们之中有些人悲观绝望，对人生彻底放弃，还有些人则随遇而安，从不强求人生。

毫无疑问，对于情绪，第一种人的态度是最积极的，也是最值得提倡的。在对孩子进行情商教育和提升的过程中，针对孩子遭遇的困境，以及由此引发的情绪变化，父母一定要引导孩子及时感知情绪，同时以恰当的方式处理情绪。要想实现这一点，让孩子接纳情绪是最重要的。很多人之所以感到痛苦，并非是因为情绪本身，而是因为他们总是与情绪对抗，无法接纳情绪。因而父母要引导孩子接纳自己的情绪，把情绪的存在视为理所当然，也把接受和消化情绪当成自己的分内之事，这样孩子才会与情绪和谐共处，并在与情绪相处的过程中消化情绪。

期末考试中，小蕊的成绩很不理想。除了数学成绩还位于班级前十名，语文和英语成绩都有很大的退步。对此，小蕊非常沮丧，始终闷闷不乐。妈妈很清楚，对于青春期孩子而言，情绪波动很大，成绩出现一定程度的下降也属于正常现象。为此，妈妈没有批评小蕊，而是和小蕊一起分析成绩下滑的原因。对此，小蕊却无法原谅自己，她恳请妈妈："妈妈，你还是批评我吧，我还觉得好受些。"

妈妈对小蕊说："小蕊，学习成绩有波动不可怕的，可怕的是你就这样沉沦下去，对自己感到绝望。对于每个人而言，失败都是人生中必须经历的。你一定要接纳自己的情绪，不要被情绪打倒。"为了帮助小蕊疏导情绪，与不良情绪和谐共处，妈妈建议小蕊去写日记，或者玩一会儿游戏，还可以去购买自己喜欢的衣服。在妈妈的引导下，小蕊终于能够平静对待自己的情绪，再次鼓起勇气和信心，查漏补缺，再接再厉。

当孩子觉得情绪低沉，无法面对自己的时候，父母应该引导孩子为自己准备一本情绪日记本。这样一来，他们就可以把自己的情绪变化写在日记本上，自己与自己的内心进行对话。这是孩子真正迈出情绪低沉的第一步，也是最为关键的一步。当孩子通过文字把负面情绪书写出来，他们就会变得更加从容，也能够坦然面对自己的情绪。

情绪就像流水，既然有来处，也要有去处。在情绪产生的时候，孩子一定要及时接纳自己的情绪，才能做到疏导情绪，也让情绪得以合理宣泄。否则，当情绪郁结于心，就会对孩子的成长造成严重的负面影响，也导致孩子面对情绪束手无策。对于每个孩子而言，书写情绪日记都是很好的与自己情绪对话的方式，不仅对于孩子的成长过程有益，即使长大成人，也可以用这种方式来排遣情绪。随着年龄不断的增长，当孩子能够坦然自如地面对各种不同的情绪，就意味着孩子具备了情绪管理的能力，也意味着孩子已经真正成为自己情绪的主人，能成功地驾驭和主宰自己了。

列一张隔离清单，汲取正面的心理暗示

很久以前，在波兰，很多孩子正在一起嬉戏打闹。他们无忧无虑，看起来非常快乐。正当他们玩得高兴时，有一个柬埔寨女巫走到他们身边，托起一个小女孩的手认真查看，然而对小女孩说："等你长大了，一定会成为伟大的人。"转眼之间，几十年过去了，当年的小女孩两次获得诺贝尔化学奖，真正成了伟大的人，而且举世闻名。这个小女孩就是居里夫人。如果没有当年女巫的预言，很难断定居里夫人一定能够成为尽人皆知、大名鼎鼎的化学家。当年女巫的预言给了居里夫人正面的引导，也让居里夫人得到了正面的心理暗示，因而激发出居里夫人所有的潜能。

为了证明积极的心理暗示对人的影响，曾经有心理学家针对一所学校的一个班级的孩子进行实验。在实验中，心理学家没有告诉任何老师和孩子实验的初衷，只是在对整个班级的孩子进行评估之后，私下里告诉老师班级里的哪些孩子能够有所成就，而哪些孩子很难做出成就。等到1年之后再来看这些孩子，心理学家惊讶地发现那些被他断言将会有所成就的孩子，的确有了很大的进步，而那些被他断言很难有所成就的孩子，则变得非常平庸。实际上，心理学家并没有对这些孩子进行评估，

第 10 章
心态情商提升：我的人生我做主，提升孩子自我调节的能力

而只是随机地把他们分为两个部分而已。这就是心理暗示的强大作用。

父母要想提升孩子的情商，让孩子在成长的过程中有所成就，在未来有更好的发展，那么就要给予孩子积极的心理暗示。当然，孩子毕竟不是生存在真空的环境中，为了尽量让孩子接受正向和积极的能量，父母可以引导孩子学会隔离那些消极的负面能量，从而让孩子的内心更加充满正向的力量。

很久以前，有个工人在下班之前去检查冷柜，却不小心被工友锁在冷柜里。工人当即崩溃得大喊大叫，希望有人能回来救出他。然而，工友都已经下班了，大家根本不知道他还在冷柜里。就这样，工人意识到自己必死无疑，内心满是绝望。

随着在冷柜里滞留的时间越来越长，工人感受到自己的身体渐渐变得僵硬，甚至血液都要凝固了。次日清晨，其他工人来上班时打开冰柜，发现这个工人已经"冻死"了。然而，让人百思不得其解的是，冷柜是没有通电的，尽管空气不流通，但是冷柜很大，其中的空气含量足够这个工人度过一个夜晚。而且冷柜尽管比较冷，但是没有启动制冷功能，也许会把工人冻感冒，却不至于把他冻死。工人到底是怎么死的呢？实际上，工人是被自己内心的寒冷和绝望"冻死"的。

从本质上而言，这个世界上绝对没有任何预言是百分之百能实现的。柬埔寨女巫给了居里夫人积极的心理暗示，居里夫人坚信自己能够成功，也的确以努力创造了人生奇迹。冷柜里冻死的工人不知道冷柜没有通电，坚信自己一定会被冻死，最终真的被内心的绝望和寒冷冻死了。这就是心理暗示的作用，不管是积极的心理暗示，还是消极的心理暗示，都会产生强大的力量，都会让人越来越接近成功，也会让人更加

接近失败，甚至导致人的死亡。所以对于心理暗示的强大作用，父母一定不要忽视，而要给予孩子更多的引导，让孩子形成积极的思维模式，并给予自己正向的心理力量。

　　心理暗示不仅仅影响人的心理，也会对人的生理产生实质性影响，事例中那个被"冻死"的工人，就证实了这一点。为了帮助孩子更多地接受积极正向的心理暗示，远离消极负面的心理暗示，父母可以引导孩子学习列举隔离清单。这样，孩子会更清楚和确定哪些暗示会对自己起到积极的作用，而哪些暗示会对自己起到消极的负面作用，如此一来，孩子当然会得到更多的正面力量，而远离负面能量。唯有让孩子的情绪进入良性循环状态，孩子才能健康茁壮成长，也才能远离烦恼，始终乐观向上。

第11章
压力情商提升：压力如影随形，培养孩子的抗压能力

每一个孩子只要在国内读书和学习，就必然承担学习的压力，尤其是高考，更是如同一座大山一样重重地压在每一个孩子与父母的心上。提起高考，大多数父母和孩子都会很焦虑，这是因为高考就是千军万马过独木桥。然而，真的只能痛苦地面对高考，而没有其他的方法可以让学习变得轻松愉悦吗？父母在努力提升孩子情商的同时，也要引导孩子正确面对压力，这样才能帮助孩子缓解压力。所谓人无压力轻飘飘，既然压力是每个孩子都必须面对的，父母就要让孩子学会转化压力，拥有超强的抗压能力。

学会目标分解，一步一个脚印

很多父母都会引导孩子树立远大的目标，如当科学家，或者成为宇航员等。但在设立目标的时候，他们只想到远大的目标能够帮助孩子的人生扬起风帆，却不知道当目标过于远大的时候，孩子也会因此而陷入被动的状态。就像一个人很努力地想做好一件事情，但是他最终发现自己不管怎么努力都无法真正把事情做好，由此一来，他就会沮丧绝望，甚至自暴自弃，完全放弃努力。相比之下，那些稍微努力就能实现的小目标，反而更能够激励人们不断努力，也让人们对于人生始终满怀希望。从这个角度而言，父母在引导孩子树立远大的人生目标之后，为了让孩子及时得到鼓励，满怀信心，还应该帮助孩子把远大目标分成一个个小目标，这样孩子在努力之后就可以实现一个小目标，不但能找回自信，而且会满怀信心地继续努力，干劲十足。

分解目标，是帮助孩子实现人生目标，也是让孩子鼓起勇气、充满信心的关键。就像狐狸几次三番吃不到葡萄，就会说葡萄是酸的，面对远大的人生目标，孩子一旦产生酸葡萄心理，就会郁郁寡欢，也会因此而自我放逐。所以分解目标很重要，能够让孩子在一步一个脚印实现目标的过程中，斗志昂扬，绝不懈怠。

1984年，日本作为东道主举办了国际马拉松邀请赛。在这次比赛中，原本名不见经传的山田本一获得了冠军，让很多人都感到十分惊讶。为此，记者们都来采访山田本一。山田本一看起来矮小瘦弱，但马拉松比赛要靠超强的体能和耐力取胜，为此，记者们问山田本一凭什么取胜，山田本一想了想，说"凭着智慧取胜"。听到山田本一的回答，记者们都很不满意，马拉松和智慧有什么关系呢，哪怕是聪明绝顶，如果没有体力和耐力，只怕也无法取胜吧。

没过几年，意大利的米兰作为主办城市，又举行了国际马拉松邀请赛。原本，被人们误认为是侥幸取胜的山田本一再次赢得冠军，这次记者们更感到疑惑了：如果说山田本一此前是侥幸取胜，那么这次就没有理由获得冠军了呀！记者们再次问了山田本一同样的问题，没想到山田本一的回答还是"凭着智慧取胜"。人们对于这个回答依然百思不得其解，直到十几年后山田本一出版了个人自传，人们才知道山田本一所说的"凭着智慧取胜"是什么意思。

原来，山田本一每次参加马拉松比赛之前，都会乘车熟悉比赛的路线。他把道路上的各种有特点的物体，当作赛程的标志物，由此把漫长的赛道划分为很多短赛道。发令枪一响，山田本一就以最快的速度奔向第一个标志物，等到达第一个标志物之后，他受到很大的鼓舞，马上又开始以第一个标志物为起点，以最快的速度奔向第二个标志物。就这样，很多参加马拉松比赛的选手因为终点遥遥无期，跑了没多久就懈怠了，而山田本一却每过一段时间就能到达小小的终点，然后再以终点为起点，继续拼命向前。在每一段短途赛道内遥遥领先的山田本一，最终第一个到达终点也就不足为奇了。

山田本一之所以能获得成功，是因为他学会了分解目标。众所周知，马拉松赛程漫长，很多运动员开始跑步之后，一开始也许动力十足，但是跑着跑着，就会越来越疲惫，也因为终点遥遥无期，而越来越懈怠。而山田本一分解目标的方法，恰恰解决了这个问题，当山田本一顺次到达一个个小终点，他每次都会感受到成功的喜悦，也因为受到鼓舞，而变得更加充满力量。不得不说，人生也像是一场马拉松，远大的目标固然要有，分解目标也是必需的。只有把远大目标分解成一个个通过努力可以实现的小目标，让人生如同爬台阶一样不断地向上，人生才会一步一个脚印，迈向成功。

当然，随着孩子不断成长，父母未必会完全了解孩子的情况，所以，父母还要教会孩子独立分解目标，根据自身的情况制订目标，这会让孩子受益无穷。记住，罗马不是一天建成的，世界上没有一蹴而就的成功。对于孩子而言，成长是漫长的过程，必须脚踏实地，才能步步为营。

把压力转化为动力

每个人承受压力的能力是有限的，当压力过大的时候，人的身心就会发生一系列的反应，甚至陷入非常糟糕的状态之中，影响正常的生活。尤其是孩子，身心都处于快速发展之中，承受压力的能力还很弱，但是命运并不因为孩子的弱小就特别偏爱孩子。那么，既然压力不能完全消除，如何才能与压力和谐共处呢？作为父母，要想提高孩子的情商，一定要教会孩子如何把压力转化为动力，这样孩子在成长的道路上才能始终活力满满，斗志昂扬。

把压力转化为动力之后，压力就不再是压力，尽管压力没有消除，却以动力形式出现，也许还会促进孩子的成长呢！当然，把压力转化为动力并非一件简单容易的事情。首先，父母要培养孩子具有良好的心态。生活中，不仅成人要面对很多烦恼，孩子也一样。最重要的是，不要怀着对抗的心态与烦恼抗衡，而要意识到烦恼是人生的常态，这样才能心平气和地接纳烦恼，也才能在烦恼到来的时候，与烦恼和平共处。正如曾经有心理学家所说的，烦恼本身才是最值得人们烦恼的。其次，有了良好的心态，孩子才能把压力转化为动力，就像人们常说的化悲愤为力量，因为面对压力一味地抱怨根本不能解决问题，反而会导致事与愿违。唯有保持积极乐观的心态，想方设法解决问题，才能让事情的发展进入良性循环，真正解决问题。最后，对于孩子把压力转化为动力，父母一定要提供最大的支持，不要给予孩子额外的压力。例如，当孩子接二连三遭遇失败时，一定不想得到父母的挖苦讽刺甚至是否定，而是希望得到父母无条件的支持。对于孩子而言，只要父母永远在身后支持他们，他们就会咬紧牙关，砥砺前行。

乐乐从四年级开始练字，到五年级上学期，书法老师建议他直接报名参加四级考试。对于老师的信任和鼓励，乐乐却感到巨大的压力。因为很多练字比乐乐更早的孩子，只是从二级开始考，到现在也才考三级呢，乐乐完全不确定自己能否通过四级考试，也很害怕妈妈会失望。看到乐乐犹豫不决的样子，书法老师大力鼓励乐乐，并且让乐乐回家询问妈妈的意见。不想，妈妈在听到书法老师的建议后，当即表态让乐乐接受老师的安排，努力冲刺考四级。乐乐为难地说："但是，还有20多天就要考级了，而我每周顶多练习两次书法。"妈妈语重心长地对乐乐说："没关系的，只要你尽力而为，不管结果如何，妈妈和爸爸都会支持你的。"

妈妈的话仿佛给乐乐吃了颗定心丸，他决定把压力转化为动力，努力练习，进行考级前的冲刺。经过七八次全力以赴的练习后，乐乐果然顺利通过考试。看着乐乐兴奋不已的样子，妈妈抓住时机鼓励乐乐："乐乐，你太棒了。你只要相信自己，就一定能够做到。"

事例中，在妈妈的鼓励下，乐乐仿佛吃了颗定心丸，因而不遗余力地激发出自己的所有能量，全力以赴准备等级考试。正是因为这样的坚决和勇气，也知道自己没有退路，更知道爸爸妈妈永远都支持自己，乐乐才会突破自我，取得成功。

每一份压力，都意味着一份动力。父母唯有坚持鼓励孩子，孩子才能从父母那里得到力量，也才有勇气承受压力，把压力转化为动力，从而使人生变得与众不同。现代社会，每个人都承受着巨大的压力，父母一定要引导孩子与压力和谐共存，而不要觉得压力难以承受的，对压力产生抵触和排斥心理。人生之中，人人都有不如意，也有遗憾，只有能够承受压力的强者才能把握和主宰人生，让自己的人生更加充实精彩。

比赛并非只有赢的结果

人为何会感到紧张呢？一则是因为人缺乏自信，二则是因为人对于

第 11 章
压力情商提升：压力如影随形，培养孩子的抗压能力

自己的力量没有准确的预估，所以未免妄自菲薄。还有一个原因，就是缺乏平常心。细心的朋友们会发现，一个人越是在乎一件事情，就越是紧张。举例而言，男孩与女孩约会的时候往往不会紧张，而当男孩向女孩求婚的时候，一定会感到万分紧张。因为男孩非常在乎求婚的结果，也担心女孩会拒绝他，所以会紧张到恐惧。

人们常说要拥有平常心，所谓平常心，就是尽人力而知天命，不会一味地急功近利或者追求好的结果。把自己该做的事情做了，这样一来，即使结果不好，也因为已经拼尽全力，而没有必要感到遗憾。其实，人生中的很多事情并非一定要有结果，除了生死之外，大部分事情都是无关紧要和不值一提的。想明白了，才能对于人生怀着平常心。很多父母总是把孩子的成绩与其他孩子比较，其实也是缺乏平常心的表现。谁规定你家的孩子一样要与别人家的孩子一样优秀呢？你要看到你家孩子身上有别人家孩子身上没有的优点。

常言道，父母是孩子的第一任老师，父母要想让孩子有更好的表现，首先要努力提升自己。也可以说，唯有父母高情商，才能教养出高情商的孩子。其次，父母要潜移默化地影响孩子。例如，很多孩子在参加学校的比赛时，都希望自己能够赢得第一名。父母当然要鼓励孩子努力拼搏，争取赢得第一名，但却不要要求孩子不顾一切、不择手段地赢得第一名。生命之中，远远有比赢得第一名更重要的事情，唯有端正心态，才能避免舍本逐末。

学校里要举行演讲比赛，平日里很健谈的乐乐也报名参加了。为了赢得第一名，乐乐做了很多准备，甚至几次邀请当编辑的妈妈对他的演讲稿进行修改。等到演讲稿终于堪称完美了，乐乐又马上投入大量时间

和精力，不但把演讲稿背得滚瓜烂熟，而且自己精心设计了一些动作。

到了比赛的前一天，乐乐非常紧张，觉都睡不着了。这时，妈妈安抚乐乐："乐乐，赢得第一名固然重要，但是却不是最重要的。你只要尽力而为就好。"乐乐问："第一名还不是最重要的，那最重要的是什么呀？"妈妈笑了，反问乐乐："如果你没有赢得第一名，你觉得你能收获什么呢？"乐乐用心想了想，并没想到答案。妈妈提醒乐乐："如果你知道自己这次为何没有得到第一名，你下次会怎么做呢？"乐乐毫不迟疑地回答："下次，我肯定会避免同样的问题发生。"妈妈笑着说："这就是你的收获啊！你收获了经验，下次再也不会犯同样的错误，岂不是让自己的水平提升了一大截吗？"乐乐恍然大悟："所以，就算失败了，没有赢得第一名，我也不用沮丧，只要再接再厉，争取下次赢第一就行了。"妈妈抚摸着乐乐的头，说："当然，你要争取下一次得第一。但是下一次的第一也不是板上钉钉的，因为你在进步，别人也在进步，你变得强大，你的对手也变得强大。所以你只要尽力而为，成功了更好，失败了也不气馁，就是真正的赢家。"乐乐重重地点点头。

当过于在乎和重视一件事情的时候，孩子未免会感到紧张，其实不仅孩子如此，成人也是如此。在这种情况下，父母既要支持和鼓励孩子，也要帮助孩子找回平常心，让孩子心平气和地对待比赛。否则，如果孩子总是患得患失，不管成功还是失败，都会影响孩子的情绪，也会让孩子变得焦虑不安。

妈妈说得很有道理，赢得第一固然重要，更重要的是从失败中吸取经验和教训，让自己获得持续的进步。如此一来，不管是成功还是失败，孩子都能成为强者，也都能为自己的人生负起责任。

你的焦虑其实毫无意义

现实生活中，很多成人都会因为一些事情陷入毫无意义的焦虑之中，孩子也是如此。实际上，这些焦虑毫无意义，因为根本不会发生。曾经有心理学家针对焦虑的人进行实验，让他们把所有焦虑都写在纸上，等一段时间之后再来看。结果证实，人们感到焦虑的事情十有八九没有发生，由此可知，大多数焦虑都是毫无意义的。

当父母发现孩子陷入焦虑之中，一定要第一时间告诉孩子，他们的焦虑毫无意义。如果孩子不理解，父母可以按照心理学家的方法对孩子进行心理实验，事实最终会指导孩子做出正确的选择，让孩子远离焦虑，找回快乐。否则，一旦孩子陷入焦虑的状态，学习和生活都会受到影响，而且会导致郁郁寡欢，可谓损失惨重。

马上就要期末考试了，乐乐非常紧张，这是因为他在期末考试之前腿部骨折，休息了好几个月，导致他差不多一个学期没有上课。现在，乐乐才恢复上课3个月，就要迎接期末考试，尽管在休养期间妈妈每天都会给乐乐补课，但是乐乐依然觉得压力山大，生怕自己考得不好会丢脸。

看到乐乐焦虑不安的样子，妈妈问："乐乐，你在担心什么呢？落下的课程，妈妈都给补过了呀。"乐乐迟疑地说："但是，我害怕你教的和老师教的不一样。"妈妈笑着，说："怎么会呢？我是按照你们的教材教你的，而且妈妈也当过老师，小学的课程，妈妈还是应付得来的。"即便妈妈这么说，在休息差不多一个学期之后第一次要参加大考的乐乐，还是很忐忑。妈妈建议乐乐："你不如把你所担心的问题写下来，写完之后就彻底放下。反正现在距离考试只有3天时间了，想做什么也来不及了。等到考完试之后，你再来看你写下的东西。"乐乐不知道妈妈用意何在，但是他又没有更好的办法，只好按照妈妈说的去做了。

在写完所有的焦虑之后，乐乐按照妈妈的指示有意识地放下烦心事，果不其然，内心觉得轻松很多，便一心一意地应对考试，考试之后才几天成绩就出来了，乐乐考得还不错，赶紧兴奋地回家向妈妈报喜。这个时候，妈妈让乐乐拿出之前写下的焦虑，问乐乐："你觉得你担忧的这些事情都发生了吗？"乐乐不好意思地摇摇头，说："七八条焦虑，只有一条发生了，但是不像我想得那么严重。其他的焦虑都没有发生。"妈妈引导乐乐："所以说，你的焦虑根本毫无意义。你想啊，你焦虑，该发生的还是会发生，你不焦虑，不会发生的照样不会发生，既然如此，你为何不远远地躲着焦虑呢？！"

孩子正处于身心发展的重要阶段，又因为缺乏人生经验，所以常常因为各种各样的事情而焦虑，更是常常陷入苦恼之中。为此，父母一定要引导孩子正确处理好情绪，培养孩子的高情商。

对于喜欢焦虑的人而言，人生之中有很多事情都值得担忧，甚至还有人担心会不会发生地震或者海啸等极端恶劣的自然灾害。殊不知，地震、海啸等自然灾害，都是人力不可抗拒和控制的，即使每天担心，也无法改变结果。既然如此，还不如顺应天命呢。除了这些不应该担忧的事情之外，很多孩子也会担心生病、死亡，绝大多数孩子都在为学习担忧。当然，学习是可以控制的，但是焦虑并不利于学习。与其为了学习而焦虑，不如节省宝贵的时间和精力，将其用于提升学习，这样才能达到更好的效果。总而言之，对焦虑丝毫不起作用的事情，就要戒掉。对焦虑没有任何改善的事情，与其焦虑，还不如打起百倍的精神努力，也许还能对事情有所改善和推动呢！

调节好自己，迎风而上

很多人都误以为压力就是阻力，实际上，压力尽管会对人产生一定的影响，但是并不是真正的阻力。如果以力的方向学来解释，直觉会告诉我们压力是向下的，可以以向上的方式对抗，而阻力是来自外界的，相当于水平的方向，是需要去冲破的。所以对于压力，我们无须过于恐惧，有的时候，压力来自外界，是真正的阻力引发的，而有的时候，压力更像是一种心理上的感受，带着更浓重的主观色彩。所以要想抗拒压力，与消除外界的阻力相比，更重要的是要调节好心理状态，从而让自己冲破重重压力，破茧成蝶。

孩子很难把握自身的心理状态，因为他们不知道如何才能更好地调节内心的各种状态，也不知道如何让内心的每一股力量都朝着同一个方向，凝聚成一股绳。所以父母在引导孩子调整自身的心理状态时，要先梳理好孩子的内心状态，这样才能让孩子更加从容，不至于因为凌乱的状态而导致人生也混乱不堪。

最近以来，乐乐的学习任务很紧张。因为骨折休养，妈妈只给他补了数学和语文，而没有给他补习英语，所以一开学，乐乐就觉得自己大大地落后于人了。为了帮助乐乐在最短的时间里赶上英语进度，妈妈给乐乐聘请了学校里的英语老师，对乐乐进行补习。一段时间之后，乐乐的英语成绩有了突飞猛进的提高。

然而，乐乐不但要学习学校里的课程，还要补课，所以觉得很辛苦，情绪也有些低落。一个周末，听说又要补课，乐乐很抵触地对妈妈说："我为什么天天都要补课呢？"妈妈安抚乐乐："乐乐，补课就是这段时间呢，要把进度赶上来。你看，你们班级里有很多同学每个周末都补课，妈妈其实是不主张补课的，不过咱们不是正处于特殊时期吗，你要忍耐一下，好不好？"为了帮助乐乐调节心情，妈妈还答应带乐乐去看电影，乐乐这才不再抵触："妈妈，我会加油的，我知道补课费很贵的呢！"

只要调整好状态和心态，就能把压力转化为动力，或者最大限度地消除压力。而一旦对引起压力的事情心怀抵触，孩子就会陷入被动的状态中，也会导致自己面临重重困境。所以父母要想提升孩子的情商，一定要引导孩子更加积极主动地抗击压力，意识到压力就是动力，而不要因为压力总是与人生较劲。顺应压力，才能超越和抵抗压力，这也是与压力相处的最好方式。

第 12 章
思维情商提升：视野决定人生，
让孩子拥有与众不同的人生

有人说性格决定命运，有人说心态决定人生，实际上，真正能够改变命运的，是人们的思维。大自然是整个地球的整体环境，而每个人都要在大自然中生活，根本不可能脱离自然环境而存在。在大自然里，每个人都是自由的，同时也受到各种环境因素的制约和限制。敢于突破自我的人，最终能够超越自我，活出自己的精彩，而不能突破自我的人，则一直像套中人一样平庸无能。孩子正处于成长的过程中，父母一定要提升孩子的思维情商，开阔孩子的视野，这样孩子的人生才会变得与众不同，精彩纷呈。

学习成绩并不是最重要的

在各方面都飞速发展的现代社会，每个成人都承受着前所未有的压力，而且很多父母在一边忙于工作一边照顾家庭的时候，不知不觉间就把压力转嫁给孩子。为了不让孩子输在起跑线上，很多父母给孩子报名参加各种培训班和补习班，还一味地强调孩子要学习好。殊不知，每个人的人生都是一场长跑，而不是百米冲刺，对于孩子来说根本没有所谓的起跑线可言。父母如果在教养孩子的过程中对重心把握错误，导致重心偏移，则会给孩子的人生带来负面的影响，也会导致孩子的基础浅薄，无法承担人生的重托。

在成人一切向钱看，孩子一切向分看的今天，在全民父母都陷入教育焦虑状态的今天，孩子最幸福的不是出生在有权有势和有钱的家庭，而是出生在父母心态平和，对教育理解深刻，绝不急功近利的家庭里。这样的父母更明智，会知道孩子的成长绝不在于一朝一夕的努力，而是要从长远打算，进行长期的准备和努力。

作为中国的最高学府，北京大学每年都会破格录取人才，这些人才并非是学习成绩最好的，但是都独具天赋。自从1917年蔡元培担任北京大学的校长，并且提出"循思想自由原则，取兼容并包之义"，北京大学就秉承解放思想、创新学术的原则，不拘一格聚拢人才，把才华看得比学习成绩更重要。正因为如此，北京大学的历史上才人才辈出，引领思想和文化的潮流。

1917年的夏天，从美国留学归来的胡适参加了北京大学在上海举行的招生活动。当时，胡适还只是一个普普通通的教授，并没有很大的名头，在学术界也没有很高的地位，但是在看到一名学生的作文之后，他给了这名学生满分的好成绩，而且还极力推荐录取这名才华横溢的学生。这名学生就是罗家伦。然而，其他的招生委员在翻阅罗家伦的成绩之后，发现罗家伦的其他成绩都很一般，尤其是数学成绩很差，是不折不扣的零分。

得知罗家伦的情况后，蔡元培也对胡适的意见表示赞同，后来，正是在胡适和蔡元培的强力支持下，罗家伦才以唯一的作文特长进入北京大学外国文学系学习。1919年，罗家伦和几位同学一起创办《新潮》月刊，后来更是成为北京大学首屈一指的笔杆子，首次提出"五四"运动的名词。此后，罗家伦不仅在学术方面有突飞猛进的进步，而且在革命的道路上也走得很远，最终做出了伟大的成就，青史留名。

北京大学破格录取人才的佳话在其历史上并不罕见，这让其的历史长河闪耀着珍珠般的光泽。作为国内顶尖的大学，北京大学在招录学生的时候都不以学习成绩为唯一的标准评价孩子，作为父母，更不应把成绩作为衡量孩子的唯一标准。不得不说，大多数父母对于孩子都寄予了过高的期望，从孩子呱呱坠地开始，父母就觉得孩子一定是无所不能的。然而，随着孩子渐渐成长，孩子不再是那个肥胖可爱的婴儿，自身的很多弱点和不足也逐渐暴露出来。在这种情况下，父母一定要理性，不要因为对孩子期望过高，就无法接受孩子的一些缺点和不足。所谓金无足赤，人无完人，每一个孩子都会有优点和缺点。所以父母要发自内心地接纳孩子的一切优点和缺点，真正包容和疼爱孩子，孩子才能健康快乐地成长。

很多哲学家都主张辩证唯物主义的观点，在看待任何事物的时候都要做到一分为二。父母对待孩子也要采取辩证唯物主义的观点，既不为孩子的优点而骄傲，也不为孩子的缺点而烦恼。只要引导孩子扬长避短，取长补短，父母就能最大限度地激发出孩子的潜力，让孩子获得长足的发展，也更加健康快乐地成长。例如，有的孩子虽然学习成绩不好，但是却具有创新能力，而且很喜欢发明创造；再如，有的孩子尽管语文成绩不好，但是对于数字却特别敏感，而且在学习数学方面出类拔萃。又如，孩子在学习方面没有任何天赋，但是却与人为善，乐于助人，这同样是孩子的优点。总而言之，父母既要看重孩子的才华，又要看重孩子的品质。只有端正态度对待孩子，父母才能敏锐地发现孩子的可取之处，从而有的放矢地培养孩子，让孩子成为不可替代的人才。

开拓创新，是人生的必备品质

在这个追求个性和与众不同的年代，没有人愿意成为人群中看起来毫无特点的一份子，而是希望自己能够最大限度地发挥特长，拥有出类拔萃的才华，从人群中脱颖而出。然而，一个人要想做到与众不同，做出属于自己的事业，最重要的就是开拓创新。否则，一个人如果总是因循守旧，既不敢突破自我，也不愿意重塑自我，那就只能一如往常，丝毫没有任何新意和改变。

在情商被提升到前所未有的高度的今天，具有创新能力，也是高情商的重要表现之一。细心的朋友们会发现，古往今来大多数有所成就的人，无一不是能够突破自我，且勇于创新的人。尤其是在诺贝尔奖的历史上，几乎所有的诺贝尔奖得主都具有开拓创新、坚持自我的精神。其实，不管是对于一个人而言，还是对于一个民族或者国家而言，开拓创新的精神都是必不可少的，也是至关重要的。人类社会走到今天，精神文明的程度越来越高，与人类的开拓创新精神有密不可分的关系。也可以说，开拓创新的精神不但是选拔人才的标准，更是时代的推动力。

在培养孩子的过程中，父母一定要重视培养孩子的创新能力，这不但有利于孩子的自身发展，也有利于培养和提升孩子的情商。举世闻名的微软帝国缔造者比尔·盖茨，就是一个勇于突破自我、敢于创新的人。他从世界顶级的大学退学，就是因为意识到开发软件的巨大商机和前景，所以当机立断，下定决心退学自主创业。不得不说，稍有延迟，比尔·盖茨的人生就会与今天截然不同。

提起微软，不得不提微软的第一任商务经理、首席执行官鲍默尔。1980年，鲍默尔正式加入微软。作为哈佛大学的毕业生，鲍默尔从小就精通数学，而且在哈佛大学取得了数学和经济学的双学位。加入微软之后，鲍默尔更是掀开了人生的新篇章，找到了自己施展才华的大舞台。

除了精通数学之外，鲍默尔还有一个非常显著的特点，那就是他很有野心，也总是主动创新。有一次，鲍默尔在新生开学典礼上演讲，对着全体学弟学妹说："你们一定要打开思路，开阔眼界，这样才能把握住那些你们想也想不到的机会。记住，机会就在你身边，而且会改变你的人生，即使你看不到，并不代表它们不存在。"鲍默尔之所以能把握机会，就是因为他眼界开阔，总是能够发现潜藏在身边的机会，也能够拼尽全力抓住一切机会。

越是千载难逢的好机会，越是转瞬即逝，每个人要想抓住机会，仅仅做好准备是不够的，还要主动出击，有机会就抓住机会，没有机会就努力创造机会。父母要引导孩子养成主动出击的好习惯，而不要让孩子总是一味地被动等待。否则，一旦孩子习惯了等待，在人生中就会失去积极主动的姿态，从而陷入人生的被动局面，无法摆脱。

勇于开拓创新的孩子，才具有高情商，这是因为他们懂得人生中的很多事情都要靠自己的努力去争取。他们从来不甘心成为等待的角色，而总是一往无前，努力在人生中打拼，也拼尽全力创造属于自己的辉煌和成就。很多父母都希望孩子进入世界顶级的大学，殊不知，在顶级的大学里，掌握多少知识并不是最重要的，孩子的学习能力和主动创新能力才是最重要的。父母一定要最大限度地激发出孩子的创新性，在日常生活中多多引导孩子开拓思维，开阔眼界，这样孩子的人生才会拥有更为广阔的天地和施展的空间。

走在教育前沿、掌握教育先进理念的父母，不要以成绩作为炫耀孩子的资本，而要更用心地陪伴孩子成长，启发孩子的思维，让孩子成为真正有见解、有创新性的人，这对于孩子而言才是最重要的，也是最值得骄傲的。

思想决定命运

有人说,思想有多远,人生就能走多远,这句话非常有道理。如果说眼界决定人生的高度,那么思想则决定人生的成就。眼界开阔的孩子,思维也会更加开阔,看待问题的角度不同,决定了孩子对问题的深入程度不同。从这个意义上而言,父母一定要启迪孩子的思想,开阔孩子的眼界,这样孩子才会有与众不同的人生。

简言之,思想决定命运,是因为思想对于人生的言行举止和人生重大的决定,都会起到引导和决定的作用。包括语言,也是思想的外衣,由此可见,思想还决定了人的语言表达和社会交往。总而言之,思想对于人生的一切都起到至关重要的作用,也渗透到人生的各个方面,父母必须重视对孩子思想的引导和启迪,才能帮助孩子养成良好的思维习惯,让孩子的思想更加深刻。

很久以前,有两座相邻的大山,每座山里都住着一个小和尚。这两座山里都没有水,因而两个小和尚都要去山涧里的溪流中取水。每天清晨,他们取水的时候相见,彼此聊聊天,说说话,很快就熟悉起来,成了朋友。

时间就这样不知不觉地过去3年,3年的时间里,两个小和尚风雨无阻,每天都来溪流中取水,每天都见面。然而,有一天,东山的和尚没有来取水,西山的和尚以为东山的和尚有事情耽搁了,又过了两天,东山的和尚还是没有来取水,西山的和尚不由得担心起来,暗暗思忖:我的朋友是不是生病了?一个星期之后,西山的和尚决定挑一担水送给东山的和尚,顺便去探望东山的和尚。到了东山的庙里,西山的和尚惊讶地发现他的朋友正在精神抖擞地打太极拳呢，看上去面色红润，气定神闲，根本不像是生病的人。经过一番询问，西山的和尚才知道，原来东山的和尚在取水的这3年时间里，一直都在挖掘水井。虽然山上的地质比较硬，挖起来很难，但是东山的和尚每天都坚持挖掘，日复一日，随着挖掘的深度越来越深，地底下居然真的渗出甘甜的清泉。从此以后，东山的和尚再也不用下山取水了，而西山的和尚呢，同样过去3年，他生存的困境却没有丝毫改变。

东山的和尚坚持利用每天的闲暇时间挖井，最终有效地改善了自己的生存状况，再也不用为了吃水而每天下山挑水。而西山的和尚呢，虽然3年来也在挑水，但是每天只能获取当天所需用的水，对于生存状况根本没有任何改变。这就像现在职场上的很多人，虽然在辛苦地工作，但只是当一天和尚撞一天钟，从未未雨绸缪地为未来的生存和发展做准备。在这种情况下，他们日复一日地工作，仅仅是赚取了报酬而已，个人并没有获得成长。与他们截然不同，有些职场人士虽然从最基层的工作开始做起，但是他们一边工作，一边进行自我提升，积累工作经验，提升工作技能，最终他们不但赚到了钱养活自己，还有效地提升了自己的能力和水平，让自己在赚钱的同时取得了更大的进步。

在教养孩子的过程中，父母一定要牢记，不要一味地强求孩子掌握多少知识，学会多少技能，而是要更加注重开阔孩子的眼界，拓展孩子的思想，这样孩子才能在思想的指引下，获得更好的发展，拥有幸福的人生。

有好创意，也要立即展开行动

一个人哪怕有再好的思想和创意，如果不能立即展开行动，也会变成不折不扣的空想。而空想，对于人的进步没有任何作用，对于人生的改变和把握，也是毫无意义的。为了避免孩子成为空想家，只能在乌托邦里实现人生理想，父母要有意识地引导孩子在想法成熟之后立即展开行动，用执行力来为自己的实力代言，也用执行力给予自己更大的发展空间。

现实生活中，总有些人思虑过度，在考虑事情的时候前怕狼后怕虎，美其名曰思虑周全、未雨绸缪，实际上却是杞人忧天，也让过度的思虑限制了行动力，导致陷入空想之中，始终无法迈出切实的一步。不得不说，和做了某件事情却失败相比，始终停留在原地，根本不能切实展开行动，才是最可怕的。因为失败之后毕竟还能得到经验，而无所作为则只能让自己停滞不前。有些人做事情瞻前顾后，或者担心事情的发展不能如同预期般顺利，又或者被眼前的困难吓怕了。实际上，这根本就是杞人忧天，因为事情的发展有三个方向，一个是保持原样，一个是变好了，一个是变坏了。由此可见，最坏的结果是变坏了，但是更大的概率是保持原样或者变好。所以不要被眼前的困难吓倒，要想彻底解决问题，最好的方法是勇往直前。

正如一首歌里所唱的，不经历风雨，怎能见彩虹，没有人能随随便便成功。一个因为惧怕失败而不敢去尝试的人，没有资格获得成功，甚至因为无所作为连成功的机会都没有。所以当父母发现孩子调皮捣蛋，而且很有主见的时候，不要为此而烦恼，或者觉得孩子天生就是调皮大王，而要从孩子身上看到闪光点，意识到孩子的独立、自主、勇敢、无畏，这正是孩子勇往直前、获得成功的潜质。

对于每个孩子而言，人生都应该是张扬的。遗憾的是，如今有很多父母对孩子过度保护，总是对孩子加以各种限制，导致孩子从小就被过度呵护着，没有任何自由可言。长期在这样的家庭氛围中成长，孩子会变得越来越胆小，自由的天性也会受到局限，更别说放飞自我、拼尽全力去努力了。和那些自由自在、纵情肆意成长的孩子相比，被过度保护的孩子总有些畏首畏尾的感觉，就像契诃夫笔下的套中人，还非常胆小，根本不能突破和超越自我。

如今是信息时代，很多好的想法和创意，一定要争分夺秒去实现，将其转化为现实。否则，如果总是停留在空想阶段，说不定哪天让你引以为傲的好想法，就会为他人锦上添花，也有可能彻底改变他人的命运。这个时候再后悔，显然为时晚矣，而等到再次灵光乍现，有好的想法，也许不知何年何月了。

在家庭教育中，父母一定要鼓励孩子立即行动，要增强孩子的执行力。记住，想法只有在行动力的验证下，才能有所成效，也只有在行动力的支撑下，才能事半功倍，具有效力。每个孩子都要珍惜自己的好创意，父母也要尊重孩子突然闪现出来的好想法，而不要打击孩子。在保证孩子安全的情况下，明智的父母哪怕觉得孩子的创意不可能实现，也会积极地鼓励孩子去做，而不会提前告诉孩子他的想法是不可行的。因为明智的父母知道，孩子的切身经验比一切知识都更重要和可贵，而拥有丰富经验的孩子是富有的，也是强大的。

换个思维，你会豁然开朗

现实生活中，大多数人在思考问题的时候，都已经习惯了墨守成规，在不知不觉中就从固有的思维角度出发，而从未想过可以转换思维，换一个角度思考问题。举个最简单的例子，几乎所有人切苹果的时候都习惯于竖切，即从苹果蒂的凹陷处入手，把苹果一分为二。而鲜少有人改变思路，横着切开苹果。当有人真的这么做时，居然惊喜地发现苹果里藏着一个非常漂亮的五角星。因此在一段时间里，横切苹果的方式受到了很多人的追捧，人人都因为想切出规则的五角星，明明不想吃苹果，最后却爱上了吃苹果。

对于生活中的很多问题也是这样，即大多数人都从惯性思维出发，而从未想过如何改变自己的思维，找到新的解决问题的方法。如果问每一个人"你愿意吃别人吃剩下的饭吗"，相信每一个人都会马上摇头，表示否定。然而，大多数人都不愿意吃别人吃剩下的饭，却不知不觉中吃了别人思维的剩饭，按照别人走好的路去重复。走别人走过的老路，而不愿意开辟出属于自己的新路，这与因循守旧有什么区别呢？真正的创新者，既不愿意吃剩饭，也不愿意完全重复他人的做法，而希望开拓出属于自己的人生之路，创新自己的人生。

西方国家有句谚语，条条大路通罗马。这句谚语来源于繁华的古罗马城，当时，古罗马正处于鼎盛时期，道路修建得非常好，每条道路都是互通的，沿着任何一条道路朝前走，都能够到达古罗马城。时代发展到今天，这句西方谚语的意思有了极大的发展和深化，用以告诉人们做事情不要局限于任何一种方法，而要不断地尝试，才能找到更多的方法解决问题。否则，如果总是墨守成规，一条道路走不通就放弃，那么日久天长，必然自己把自己局限住。从心理的角度而言，这与前文所说的要形成发散性思维，换个角度考虑问题，有着异曲同工之妙。

很久以前，有个老人和儿子相依为命，生活在一个偏僻的乡村里。这个乡村很闭塞，而且贫穷落后，老人和儿子在这里过着穷困的生活。有一天，有个人对老人说："老伯，我带您的儿子去城市里工作吧，这样他就能多赚些钱！"老人很生气，不愿意让儿子离开自己的身边，因而怒气冲冲地拒绝了那个人的请求。那个人没有气馁，继续问老人："如果我保证让您的儿子娶洛克菲勒的女儿当妻子，您愿意让我带他去城里工作吗？"老人虽然闭目塞听，也知道洛克菲勒是大名鼎鼎的石油大王，为此老人怦然心动，答应了那个人的请求。

那个人把自己打扮得西装革履，然后去拜访洛克菲勒。见到洛克菲勒之后，他问洛克菲勒："洛克菲勒先生，我知道您的女儿待字闺中，您愿意把女儿介绍给我推荐的年轻人吗？"洛克菲勒觉得莫名其妙，当即呵斥那个人离开。那个人依然不愠不火，又问洛克菲勒："那么，您愿意把女儿嫁给世界银行的副总裁吗？"听到这句话，洛克菲勒明显表现出感兴趣的样子，最终对那个人说："如果他真的是世界银行的副总裁，我可以考虑下。"得到洛克菲勒的许诺，那个人兴致勃勃地去找世界银行的总裁。他问总裁："您愿意马上任命我推荐的年轻人当副总裁吗？"总裁马上摇摇头，说："我已经有足够多的副总裁了，为何要马上再任命一个副总裁，而且还要任命你所推荐的人呢？"那个人气定神闲，问总裁："假如我说的这个人是石油大王洛克菲勒的女婿呢？您能考虑马上任命他当你们银行的副总裁吗？"听到洛克菲勒的大名，总裁马上答应了那个人的请求。

就这样，在那个人的不懈努力下，原本是一个乡下穷小子的年轻人，摇身一变成为世界银行的副总裁，还成了洛克菲勒的女婿，人生发生了翻天覆地的变化。

这个故事未必是完全真实的，但是结果却确凿无疑。在人生的道路上，很多人都因为局限于思维，而导致人生的发展受到限制，如果能够把思想的界限打开，别出心裁地转换思维，那么对于他人而言就是"出其不意，攻其不备"，也会得到出人预料的结果。

尤其是现代社会发展迅猛，每个人都要非常努力，才能改变自身的命运。否则，如果一味地沉浸在陈旧的思维中，不懂得变通，那么就会与千载难逢的机会失之交臂。机会，永远属于思想灵活、善于变通的人，在这些人做好准备的情况下，甚至能够得到机会的青睐。每个人都要保持与时俱进，这是因为坐地日行的人生，处于每时每刻的发展和变化之中。这个世界上，没有任何事情是一成不变的，关键在于学会转换思维，让心思灵活，才能对绝妙的解决方案手到擒来。

对于孩子而言，学会转换思维，改变思路，不但有助于学习，而且能提高情商。之所以很多孩子在数学学习中都会遇到障碍和困难，就是因为他们的思维很僵硬，无法随机应变。其实，数学学习的目的正是锻炼孩子的思维能力，让孩子学会从不同的角度思考问题，从而能够最大限度发掘自身的潜力。曾经有人说，人生有三幸，其中一个幸运就是生在大城市。为何这么说呢？并非因为大城市的生存条件更好，而是因为在大城市里，孩子见多识广，思路开阔。如果孩子总是生活在闭塞的地方，就会闭目塞听，很难得到大的发展。其实，这个道理古人早就明白，因此才说"读万卷书，行万里路"，这同样是为了开阔眼界和拓展思维做准备。

在认识到转换思路的重要性之后，父母在家庭教育中就要有的放矢地开拓孩子的思维，让孩子更加机智灵活。在对孩子进行各种提问的时候，父母要注意启迪孩子的思维，让孩子努力想出更多的回答。尤其是在孩子表现出创新思维时，父母一定要鼓励孩子大胆创新，勇敢尝试着去做，这对于孩子的成长是有很大好处的。当思维的道路越来越宽，孩子也能通过思维找到更多的可能性，创造更多的发展空间。

和知识相比，想象力更重要

大多数父母在教育孩子的时候，思维都受到局限，因为高考是以考试和分数来进行选拔的，所以父母也就一门心思地盯着孩子的成绩，在日常教育中一味地向孩子灌输知识的重复性，而丝毫没有意识到，和知识相比，想象力对于孩子而言更重要，既是孩子的翅膀，也是孩子的最大资本。如果把人生比喻成一条小溪，那么想象力则是溪水，它可以让孩子的生命变得灵动。而缺乏想象力的孩子，人生的溪流会变得干枯，也会了无生趣。

在这个大部分父母都陷入教育焦虑之中的时代，明智的父母不会盲目地强迫孩子学习和掌握知识，而是会拼尽全力保护好孩子的想象力。仅从对人生的影响来看，知识是有限的，而想象力则是无限的。时代发展到今天，人类进入高度文明的社会，就是因为想象力在推动，也可以说想象力是知识的源泉，没有想象力，就无所谓知识。也许很多父母觉得想象力看不到摸不着，是虚无缥缈的，其实这是误解。大名鼎鼎的科学家爱因斯坦曾经说过，想象力是科学研究中实实在在的生产力。由此可见，想象力对于科学研究多么重要。

现代人都无法脱离科技而生活，科技产品几乎充斥着现代生活的每一个角落和细节。在享受现代化便利生活的同时，我们也要意识到，一切的现代化生活都离不开科学技术的发展，都离不开想象力的推动。对于人类进步而言，想象力远远比知识重要。

在还是一名专利员的时候，爱因斯坦就已经开始利用自己掌握的物理学知识进行各种研究了，但是他与很多普通的科研人员有着显著不同，那就是他拥有丰富的想象力。他的想象力超越了他所生活的环境，也超越了他所存在的时代，正因为如此，他才能提出相对论。

很多人都对钟楼非常熟悉，作为市政府的地标性建筑，爱因斯坦也和绝大多数人一样每天都在钟楼下行走，更是不止一次地看过钟楼。但是，他突然对钟楼产生了好奇，也萌生了一个大胆的想法："我之所以能看到大钟指向8点，是因为钟盘和指针反射的光线折射到我的眼睛里。假如我的速度比光更快，那么大钟在我眼里始终指向8点。假如我的速度比光速稍慢，那么大钟在我眼里也会走得很慢。所以如果人运动的速度和光速相近，那么他眼里的时间就变慢了。由此可以得出一个结论，即他将会发现物体的长度变短，质量增加。"在这个发现的基础上，通过深入思考，爱因斯坦提出了狭义的相对论。显而易见，爱因斯坦狭义相对论的基础是他大胆的想象，在当时也是无从验证的。当时是1905年。

直到10年之后，爱因斯坦才在狭义相对论的基础上，又提出了广义相对论。广义相对论对经典物理学进行了补充,是非常重要的物理学理论。在广义相对论中,爱因斯坦认为质量的存在会导致时空弯曲。毫无疑问,和10年前相比,爱因斯坦的想象力再次超越了时代。幸好当时的天文学理论也得到了发展,为了验证广义相对论的观点,英国天文学家艾丁顿决定观测日食。正是艾丁顿通过天文观测,验证了宇宙中遥远的星光"通过"太阳到达地球时,的确产生了一定的弯曲,导致出现很小的偏折。这次天文学的验证,让爱因斯坦的广义相对论为众人所认可,也让爱因斯坦在全世界范围内引起了巨大的轰动。

如果不是因为有想象力作为支撑,爱因斯坦如何能够超越时代,提出在当代根本无法验证的物理学理论呢?最终,事实证明爱因斯坦的广义相对论是有依据的,也是正确的,这让爱因斯坦看似疯狂的设想和推理渐渐为世人所接受和认可。

当然,大多数孩子都很普通,他们未必会成为像爱因斯坦一样伟大的物理学家。然而,即便如此,孩子们依然需要有想象力支撑人生。在现在的应试教育模式下,很多孩子也许年幼的时候拥有想象力,但是随着年龄的不断增长,进入校园,他们最大的任务被定义为学习,父母总是在不知不觉中就扼杀孩子的想象力,导致孩子的想象力日渐干涸。总而言之,父母要保护好孩子的想象力,激发孩子的想象力。

第13章
心理素质提升：挫折是人生的"试金石"，培养孩子的抗挫折能力

如今，大多数孩子都是独生子女，即使有的孩子不是独生子女，也至多有一个兄弟姐妹。总而言之，每个孩子都是父母的心肝宝贝，每个孩子都得到了父母和长辈无微不至的照顾和所有的疼爱，因而从小就习惯了被满足一切愿望。随着年龄的不断增长，孩子也开始遭遇挫折，但是他们抵抗挫折的能力却很差。明智的父母知道，要想提升孩子的情商，必须培养孩子的抗挫折能力，因为挫折是人生的"试金石"，也是人生无法躲避的坎儿。唯有让孩子坦然面对挫折，鼓起勇气战胜挫折，孩子才能成为人生真正的强者。

提升心理素质，坦然面对人生

如今，生活节奏越来越快，工作压力越来越大，导致成人的心理问题越来越多。实际上，孩子尽管还小，但并不是生活在桃花源之中的，很多父母会在无形中把压力转嫁给孩子。在这样的生存环境中，孩子想要逃避压力根本不可能，所以现在孩子的心理问题也层出不穷。

除了压力之外，心理素质差也是导致孩子心理问题严重的主要原因之一。很多孩子从小就习惯于接受无微不至的照顾，并且被满足所有愿望，所以一旦受到挫折，就会一蹶不振。还有些孩子出现害羞、胆怯等情况，这些其实都是心理素质差的表现。

如果心理素质不合格，孩子的学习和生活都会受到影响，他们的心理健康水平也会下降，情商提高也会受到极大的阻碍。联合国曾经对健康进行了定义，所谓健康，不但指人身体上的健康，也指人心理上的健康以及适应社会的能力。以前，人们总是更加关注身体健康，近些年来才渐渐意识到心理健康是比身体健康更需要重视的。尤其是当情商被提升到前所未有的高度，心理健康也就成为重中之重。在提升孩子情商的过程中，父母一定要注意培养孩子健康的心理状态，引导孩子及时疏导

第 13 章
心理素质提升：挫折是人生的"试金石"，培养孩子的抗挫折能力

心理问题。唯有拥有健康的心理，孩子的成长才能更顺利，孩子的未来也才更有保障。

小武平日里学习成绩很好，但是一到期中、期末考试，他的成绩就出现很大的波动，导致大幅下降。在中考的时候，小武原本可以考取重点高中的，但因为紧张，发挥失常了，只考进一所普通高中。

从进入高中开始，爸爸妈妈就很担心小武高考的时候再出现同样的情况，为此爸爸妈妈开始有意识地提升小武的心理素质。一直以来，小武都不愿意与陌生人说话，还很害羞，为此爸爸妈妈决定从引导小武的人际交往开始，帮助小武提升心理素质。在爸爸妈妈的鼓励下，小武渐渐地习惯了与他人打交道。帮助小武战胜羞怯后，接下来，爸爸妈妈为小武报名参加补习班，给小武提供了各种参加考试的机会。一开始，小武还是会紧张，但是渐渐地，随着考试的次数越来越多，小武对于考试越来越平淡，怀着一颗平常心，再也不会恐惧考试了。就这样，等到高考时，小武已经成为一名考试达人。最终，小武考上了一所名牌大学，全家人都高兴极了。

如果没有良好的心理素质，一到重要的考试就发昏，小武如何能如愿以偿地考上名牌大学呢？幸亏，爸爸妈妈非常敏感，也很理性，在意识到小武有惧怕考试的心理后，爸爸妈妈就努力帮助小武提升心理素质，这才让小武在高考中正常发挥，取得好成绩。

其实，很多孩子都存在心理素质差的问题，只不过有些父母从不认为孩子怕羞、不愿意与陌生人说话，甚至惧怕考试等情况是什么大问题。实际上，心理素质差不但影响孩子的学习，未来也会影响孩子的社交和职场表现。所以理性的父母会第一时间重视孩子的心理素质

问题，也会想方设法提升孩子的心理素质。对于每一个孩子而言，既要有健康的身体，也要有健康的心理，这样才能在人生的道路上越走越好。

决定心理素质的诸多因素

看完前文，相信很多父母已经意识到心理素质不好对于孩子的负面影响，那么，如何才能切实有效地提升孩子的心理素质呢？这个问题说起来简单，真正做起来却很难。父母必须有的放矢地从影响孩子心理素质的诸多因素着手，才能卓有成效地提升孩子的心理素质，帮助孩子健康成长。

当然，有很多孩子的心理素质不好的问题都被父母忽略了。其实，孩子是意识到不到自己心理素质欠佳的，判断孩子的心理素质是否良好，主要责任在于父母。因而父母要肩负起这个重要的责任，及时观察和发现孩子的异常，也及时给予解决的方案。除了父母之外，对于学龄孩子而言，与孩子朝夕相处的老师也有发言权。总而言之，孩子的成长离不开父母和老师的呵护与引导，父母和老师都要更认真耐心，才能为孩子的成长保驾护航。

作为父母，要想提升孩子的心理素质，就一定要了解决定心理素质的因素有哪些，这样才能有的放矢，卓有成效地提升爱孩子的心理素质。从根本上而言，孩子从呱呱坠地开始，就依赖父母的照顾，在家庭环境中生活。因而曾经有心理学家经过研究发现，很多成人之所以心理变态，甚至做出极端的举动，都可以追溯到其在童年时期从恶劣的家庭环境中受到不良影响。尤其是在人格最初形成的时期，家庭环境将会在孩子的内心留下深刻的烙印，不管是家庭氛围，还是父母的人格特征以及教养方式，都会直接影响孩子的心理素质。所以作为父母，一定要承担起孩子第一任老师的重任，为孩子营造健康的家庭环境，保证孩子的心理健康。

如果说家庭是社会的缩影，那么社会则是放大了的家庭。随着年龄不断地增长，孩子需要摆脱对父母的依赖，走入社会生活。在社会生活中，孩子很容易受到各种因素的影响。众所周知，相比复杂的社会环境，家庭环境是相对简单的。而且，家庭环境更容易掌控，社会环境则处于随时随地的改变之中，根本无法操控。孩子正处于身心发展的关键时期，内心不够成熟，思想也还没有形成完整的体系，所以更容易被社会上的不良风气影响，也会在疑惑和困扰中迷失自己。

除了家庭和社会环境的影响之外，孩子也有自己内心的规律。孩子正处于身心快速发育的过程中，所以他们的心理状态非常微妙，时常会出现情绪不稳定的状况，而且也会因为不能准确判断让自己陷入内心的冲突与矛盾之中。在这种情况下，孩子很容易产生深深的挫败感，由此而承受心理压力。但是，孩子并不具备消除压力的能力，也很难把压力转化为动力。在这种情况下，父母一定要密切关注孩子心理状态的改变，也要最大限度地帮助孩子客观认知和评价自我，使孩子形成正确的自我认识总而言之，养育孩子是需要父母用尽一生去做好的伟大事业，每个父母都要非常重视孩子的成长，才能最大限度地保护好孩子，也陪伴孩子健康快乐地成长。

积极地面对自我，增强心理素质

心理素质只在很少程度上取决于先天素质，而在更大程度上受到后天环境和教育的影响。心理素质涵盖的范围很广，是心理综合素质的表现，既涉及一个人的情绪情感、脾气秉性，也包括人的认知和理解能力，特立独行的个性，以及符合大多数人心理特点的心理表现等。总而言之，除了身体素质之外的内容，几乎都可以涵盖到心理素质的大范围内。

如今，越来越多的父母开始重视孩子的心理素质，也意识到孩子的健康成长离不开健康的心理素质的支撑。当然，父母并非是专业的心理学专家，因而往往无从判断孩子的心理素质如何。在这种情况下，父母要更加用心观察，才能发现孩子在心理素质方面的表现。诸如，孩子与陌生人说话是否会脸红，孩子是否愿意在人多的场合发言，孩子是否能坦然面对自己的缺点和不足，孩子在面对突发的情况时能否从容应对，这些生活的小细节都会表现出孩子的心理素质是否足够强大。

为了提升孩子的心理素质，父母要引导孩子经常进行积极的自我对话。所谓积极的自我对话，简言之，就是孩子要经常反省自己，最大限度地提升自己，改进自己，完善自己。所谓金无足赤，人无完人，如果孩子无法面对自己的缺点，那就不能坦然面对自己，也就不能给予自己更好的将来。积极面对自我，是孩子增强心理素质的必经途径。

这段时间，玉姣很苦恼，学习成绩也一落千丈。原来，玉姣的人生将发生重大的改变，但是她却没有想好如何面对。

玉姣已经读高中了，从小就得到爸爸妈妈的疼爱，是个不折不扣的乖乖女。然而，一天下午放学后，有个中年女士在放学路上拦住玉姣，还自称是她的妈妈，这让玉姣简直崩溃，她马上，头也不回撒腿跑开。

玉姣不敢回家，生怕爸爸妈妈看到自己红肿的眼睛，然而又不住去想：那个女人到底是不是我的妈妈？从小到大，父母对她的疼爱浮现在眼前，而关于她是抱养的很多蛛丝马迹，也一并浮现。玉姣不敢去想，也不敢面对可能的结果。似乎十几年的成长中拥有的一切都是水中花镜中月一般让她感到害怕。最终，玉姣把心事告诉了好朋友。好朋友看到玉姣痛苦的样子，建议玉姣长痛不如短痛，还不如弄清楚真相来得更好。

在好朋友的鼓励下，玉姣把事情告诉了爸爸妈妈，从爸爸妈妈眼睛里的担忧，玉姣已经知道了真相。幸好，爸爸妈妈没有为难玉姣，而是让玉姣自己做出选择，并且把玉姣出生时的情形都告诉了她。原来，亲妈是因为一口气养了三个女儿，才把三女儿玉姣送人的。后来，亲妈又生了弟弟。现在，亲妈家里的条件好转，便想起流落在外的女儿，想要认回女儿。爸爸妈妈语重心长地告诉玉姣："玉姣，这个问题是没有办法回避的，每个人都想知道自己的亲生爸妈是谁，原本你亲妈不来找，我们也准备等你大学毕业告诉你的。既然提前发生了，你就要问清楚自己的心，不管你做出怎样的决定，我们都尊重你的选择。"听到爸爸妈妈这么宽容的话，玉姣感动得热泪盈眶："不管怎样，你们都是我最亲的爸爸妈妈，这一点永远不会改变。"最终，玉姣认了亲妈，但是依然和爸爸妈妈在一起生活，只是偶尔去亲妈家里做客，就像是亲戚一样。经历了这件事情，解决了这个问题，玉姣觉得心里的一块大石头落地了，也觉得内心非常轻松。

事例中，对于高中生玉姣而言，虽然她是大孩子了，但是同样无法承受亲生母亲认亲这个突如其来的打击。幸好，爸爸妈妈都很支持玉姣，也给予玉姣选择的权力，这样无形中就减轻了玉姣的压力。

在爸爸妈妈的支持下处理完认亲事件，玉姣的内心轻松了很多，心理素质也得到极大的增强。爸爸妈妈的决定很对，因为一味地逃避根本不能解决任何问题，唯有勇敢地直面问题，才能彻底解决问题，也才能让自己变得更坚强和理智。

当然，未必每个孩子都会经历这样的事情，大多数孩子在父母无微不至的照顾和疼爱下都生活得无忧无虑，幸福快乐。那么为了增强孩子的心理素质，父母就要采取常规的方式，如让孩子多多阅读书籍，从书籍里感受精神的力量，也可以鼓励孩子写日记，帮助孩子及时疏导情绪，孩子才能消除愤怒或者冲动的情绪，恢复理智。此外，很多成人会选择在压力大的时候运动，对于孩子而言，这同样是个好方法。总而言之，父母要引导孩子通过各种方式增强心理素质，提升心理承受能力，这样孩子才会更加坚强、勇敢，具有超强的心理素质，肩负起主宰人生的重任。

此外，如今有很多父母都喜欢溺爱孩子，把孩子视为命根子，不管什么事情都舍不得劳累孩子，更不忍心让孩子承担。实际上，这对于孩子而言并非好事情，归根结底，孩子不可能永远在父母的保护下生活，他们就如同羽翼一天更比一天丰满的小鸟，总有一天会离开父母的怀抱，独自面对人生的风雨。所以明智的父母会尽量培养孩子的自立能力，对于孩子能独立处理的事情，他们绝不会代劳，而是鼓励孩子独自解决问题。只有经过不断的历练，孩子才会真正长大，在经风历雨之后，才能直面自己的人生。

直面恐惧，让自己无所畏惧

人的本能就是趋利避害，对于那些让自己感到恐惧的事情，人本能地就会想要逃避。然而，逃避非但不能解决问题，反而会因为贻误时机而导致事情更加糟糕，变得恶劣。在这种情况下，真正明智的人会逼着自己直面问题，而绝不允许自己有任何退缩的表现和行为发生。

其实，在心理学领域，对于恐惧有专门的治疗方法，那就是冲击疗法，也叫情绪充斥法。所谓冲击疗法，是根据心理学领域的消退性抑制提出来的。简言之，就是当个体对某种刺激物产生强烈的情绪反应时，对这种刺激物听之任之，既不采取方法抑制，也不采取任何方式进行强化，这样一来，刺激物在个体身上引起的强烈情绪也会自然消退，直到彻底消失。也可以说，这是一种顺其自然的方式，而实际上是直面恐惧的方式。针对这个理论的提出，有心理学家针对动物进行实验。即在封闭的场地里用强烈的光线刺激动物们，一开始动物们特别恐惧，吓得恨不得找个地缝钻进去，但是在发现根本没有出路逃走，也没有任何举动可以缓解情况之后，动物们最终选择留在原地，默默地承受这样的痛苦和恐惧。最终，强烈的光线刺激依然在继续，但是动物们已经完全接受了刺激的存在，而且刺激在它们心中激发的痛苦和恐惧也渐渐消退。

这正如经典影片《泰坦尼克号》中的一幕。当冰冷刺骨的海水流入船舱里时，人们惊恐万状地四处逃生，寻找生机。然而，有一对老夫妻彼此紧紧拥抱，他们努力压抑住内心的恐惧，做出了"不求同生，但求同死"的决定，谁也不想逃离，就这样等待死亡的到来。最终，他们在海水中依然紧紧相拥，带着平静安详和对爱的感恩，离开了世界。一开始，得知死亡即将到来，老夫妻必然也是惊恐万状的，然而等意识到以他们的高龄根本不可能在如此混乱的状态下逃生，他们选择体面地死去，也在爱的陪伴中度过死亡的艰难时刻。

由此不难看出，战胜恐惧的最佳方式不是向恐惧缴械投降，而是直面恐惧，由此才能让自己无所畏惧。在帮助孩子调整情绪的过程中，父母如果一味地安慰孩子没有效果，那么不如尝试着让孩子面对恐惧，这样一来，孩子会更加快速地接受恐惧，从而战胜自己的内心，让自己变得强大起来。

一天晚上吃完饭，甜甜不停地蹦蹦跳跳，一不小心从沙发上掉下来，右边肩膀着地，当时右边肩膀就不能动了。爸爸加班不在家，妈妈立即收拾东西，抱起甜甜，去了儿童医院。到了儿童医院，医生初步诊断为骨折，让妈妈带着甜甜去拍片子。听说要拍片子，4岁的甜甜非常抗拒，因为她根本不知道拍片子是什么东西，所以紧张得哇哇大哭起来。

妈妈好说歹说，甜甜还是哭泣。

看到甜甜紧张恐惧的样子，妈妈只好直截了当地告诉甜甜："拍片子就是和照照片一样的，用个机器给你照个相，就好了。你看看那个小朋友，已经进去拍片子了，他很快就会出来的，你看着好不好？而且你哭也没有用，你的胳膊受伤了，必须拍片子，才能知道胳膊伤得多严重。所以即使你一直哭，也必须拍片子。"在妈妈再三强调必须拍片子之后，甜甜似乎想明白一个道理，那就是自己必须拍片子。为此，她勉为其难地说："那好吧，我拍片子。"妈妈看得出来甜甜还是很紧张，但是她已经不哭了，而且也接受拍片子了。轮到甜甜拍片子的时候，甜甜很配合，尽管眼眶都红了，但是没有抗拒。妈妈鼓励甜甜："甜甜真乖，甜甜都是大孩子了，非常勇敢。"就这样，甜甜顺利拍完了片子。

对于甜甜而言，如果哭也得拍片子，不哭也得拍片子，那么她虽然很恐惧，也还是理性思考，说服自己配合拍片子。其实，妈妈在安慰和劝说甜甜无果之后，正是采取了冲击疗法，即直截了当地告诉甜甜必须接受的真相，这样一来，甜甜反而没有那么恐惧了，最终接受了拍片子的现实，也非常配合。

这正验证了上文提出的心理学理论，即为了缓解刺激物对人的持续影响和负面作用，把刺激物持续地放在情绪主体面前，从而让情绪主体渐渐地接受刺激物，最终情绪主体因为刺激物而引起的剧烈情绪反应，在一段时间之后就会越来越弱，直到完全消失。这种方法不但适用于心理治疗，也可以用来提升孩子的心理素质。相信当甜甜依靠自己的力量接受拍片子，那么下次再遇到这样的情况，就不会感到恐惧了。而且，哪怕在面对其他的事情时，因为有了这次成功控制情绪的经验，甜甜也会变得更勇敢，减轻对于未知事物的恐惧。

当然，要想采取冲击疗法，最重要的是确定刺激物。如果不知道孩子为何产生强烈的情绪反应，就无法让孩子正面面对恐惧的来源。例如，有的孩子害怕和陌生人说话，那么陌生人就是刺激物，通过冲击疗法进行治疗时，就要让孩子持续地面对陌生人，从而对陌生人脱敏。其次，在采用冲击疗法时，情绪主体要拥有一定的自制力。因为冲击疗法的形式就是让情绪主体直面让自己感到恐惧的人或者事情，所以情绪主体一定会情不自禁地想要逃避，在这种情况下就要抑制住想要逃跑的冲动，勇敢直面。最后，根据每个人的承受能力和进展情况不同，冲击疗法进行的时间也是不同的。通常，冲击疗法的时间要控制在半个小时到一个小时之间，在实施过程中，如果情绪主体出现过于强烈的情绪反应，则可以暂时中止。在冲击疗法正常进展完之后，情绪主体还应该对自己的心理状态进行评估，从而确定冲击疗法的治疗效果。总而言之，冲击疗法能够有效帮助孩子增强心理承受能力，而且冲击疗法的实施不需要他人的帮助，孩子自己就可以有意识地进行。当孩子能够做到直面危险，他们的心理素质就会大大增强，也会变得更加坚定勇敢，无所畏惧。

当然，对于年幼的孩子来说，因为自我意识和自制力都不够强，所以父母要帮助孩子进行冲击疗法，并根据孩子的心理承受能力控制好力度。而对于年龄稍长的孩子，父母则可以引导孩子自主进行冲击疗法，当孩子完全掌握冲击疗法，就可以随时随地增强自己的心理素质，让自己成为心理上的巨人。

常怀空杯心态，人生日日更新

古人云：苟日新，日日新，又日新。这句话的意思显而易见，是让人保持空杯心态，始终坚持学习，这样才能日日常新。

曾经有一位教授在上课的时候，带来一个空杯子，然后把空杯子展示给同学们看，问同学们："这个杯子里可以装入一些东西吗？"同学们都毫不迟疑地点头。教授便拿出一些小石块放入杯子里，直到把杯子装满为止。

拿着装满小石块的杯子，教授又问同学们："现在，杯子里还能装入什么东西吗？"同学们不约而同地摇摇头，有些同学喊道："不能了，已经满了。"教授没有说话，而是拿出一些小石子，当着同学们的面装入杯子里，颠了几下，小石子就落入杯子里小石块的缝隙中了。同学们都惊呼起来，教授又举起杯子问同学们："现在，杯子里还能装入什么东西吗？"有些同学摇头，有些同学则陷入沉默，不敢再轻易地回答"不能"。这时，只见教授拿出一些细沙，将细沙放入杯子里，果然，细沙沿着小石块和小石子之间的缝隙，缓缓地流入杯底。现在看起来，杯子真的已经很满了，不可能再装入任何东西了。因此当教授再次问起"现在，这个杯子里还能装入什么东西"时，同学们都沉默着摇摇头。然而，教授不慌不忙地端起一杯水，把水缓缓地倒入杯子里。杯子又装入了很多水，这才真正满了。但是当教授又问起杯子里是否能装入东西时，同学们都沉默着，既不点头，也不摇头，他们都感到很困惑，不知道该如何回答。教授语重心长地对同学们说："一个杯子能装入多少东西，不在于东西的多少，而在于它的心是否愿意继续容纳。你们也要像这个杯子一样，时刻保持空杯心态，这样才能不断地进步，不断地充实自己。"

一个小小的杯子居然能容纳这么多东西，那么作为孩子，是否更应该保持空杯心态，贪婪地学习知识，汲取生命的养分呢？对于孩子而言，如果总是自高自大，骄傲自满，是无法充实自己的。在教养孩子的过程中，父母一定要为孩子阐明道理，告诉孩子在这个世界上没有人是无所不能的，而孩子的生命更像是一张白纸一样一片空白，所以孩子一定要努力学习，才能加快速度进步。否则，人生如同逆水行舟，不进则退，孩子也会因为骄傲自满而陷入困境，导致人生止步不前。

从心理学的角度而言，空杯心态并不意味着真正空杯，而是告诉人们在做某件事情之前要调整好心态，这样才能拥有良好的心理素质，也才能在做人做事的过程中不停地积累经验，让人生拥有更大的发展空间和美好的未来。

培养孩子的空杯心态有很多好方法，如引导孩子意识到自己的不足，让孩子知道知识是永无止境的等。在日常生活中，父母还要注意，不要总是夸赞孩子知识渊博，更不要夸赞孩子聪明，而是要经常赞扬孩子很努力，这样孩子才会意识到唯有努力才能取得进步，也唯有努力才能证明自己的实力。渐渐地，孩子就会变得越来越努力，也会真正发扬积极进取的精神，让自己变得更加强大起来。尤其是在学校，很多孩子都会面对难题和障碍,这种情况下,自暴自弃是不足取的,最重要的在于调整好心态,才能知难而上,战胜困难,踩着失败获得胜利和进步。总而言之,孩子的好心态离不开父母的努力培养和耐心引导,只有父母拥有积极的心态,给孩子做出好的示范和榜样,孩子才会不断进步,出类拔萃。

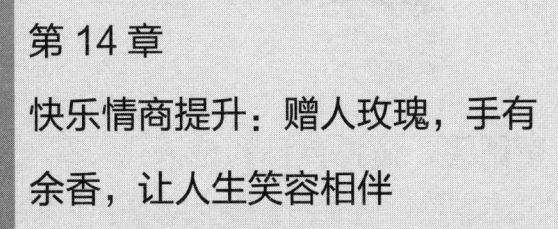

第 14 章
快乐情商提升：赠人玫瑰，手有余香，让人生笑容相伴

让这个世界灿烂的，不是阳光，而是每个人脸上洋溢的发自心底的笑容。常言道，人生不如意十之八九，但人不能因此就郁郁寡欢。尤其是孩子，原本处于无忧无虑的成长阶段，更不要被无所谓的忧愁而蒙蔽了内心，导致成长的道路上阴云密布。也有人说，心若改变，世界也随之改变，这句话更是告诉每个人，必须调整好心态，才能拥有阳光灿烂的生活。要想提升孩子的快乐情商指数，父母就要为孩子示范，教会孩子付出，这样孩子才会赠人玫瑰，手有余香，得到更多的快乐与幸福。

面带微笑，愉悦自己和他人

如今，有很多孩子小小年纪就愁眉苦脸，似乎生活亏待了他们，所以他们总是对生活感到不满。殊不知，并非命运有所偏爱，或者对谁不公平，那些得到好运气的人，都是爱笑的人。细心的朋友们会发现，就是爱笑的婴儿也比不爱笑的婴儿更招人喜欢。所以在提升孩子情商的过程中，父母要有意识地培养孩子爱笑的好习惯，让笑容成为孩子最美丽的妆容。

如果说生活是一首雄伟壮丽的乐章，那么浅浅淡淡的微笑或者是开怀大笑，就是乐章里跳跃着的音符，不但能给孩子带来快乐的心境，也给孩子身边的人带来更多的美好感受。如果说生活是一幅美丽的画卷，那么笑容就是画卷上最鲜艳亮丽的色彩，正是有了笑容的装点，生活的色彩才更加绚烂，生活也才拥有笑容作为装点。总而言之，不管是对于成人来说还是对于孩子来说，生活都离不开笑容，每个人要想拥有充实快乐的人生，就一定要带着微笑出发，这样才能让自己成为人生中最美丽的风景。高情商的孩子从来不吝啬自己的微笑，这是因为他们知道笑容能拉近自己与他人之间的距离，也让人生中的很多难题更容易解决。最重要的是，笑容还能让自己变得快乐起来，原本沉重的心也会变得轻松，此前横亘在眼前的冰雪也马上消融。所以高情商的孩子都很喜欢笑，他们不需要为自己精心装扮，笑容就使他们成为世界上最美丽的人。

新婚不久，塞尔玛为了表示对爱情的忠贞和坚持，不顾丈夫的反对，和丈夫一起去了沙漠中的陆军基地生活。然而，军令如山倒，丈夫才陪伴了塞尔玛几天就接到命令，随着部队去了沙漠腹地进行演习，这一去就是漫长的时间。初来乍到的塞尔玛独自留在军营里，为此愁眉不展。沙漠里白天的温度非常高，简直要把人烤熟，而到了夜晚又寒冷彻骨。塞尔玛听不懂当地人的语言，每天都寂寞地守在军营的小铁皮房子里，感受着白日和夜晚的冰火两重天。

才过了不久，塞尔玛就无法继续忍受了，她决定要抛弃沙漠里的一切，义无反顾地回家。为此，塞尔玛给父母写了信，向父母表达了想回家的愿望。没过多久，父母的回信就到了，塞尔玛打开信封，看到了父亲熟悉的笔迹。在信里，父亲只对塞尔玛说了两句话："两个人从监狱的铁窗看出去，一个人仰头看到了满天的星辰，一个人低头只看到了黑黢黢的泥土。"塞尔玛用心思考父亲的话，参透了父亲的意思，感到非常羞愧。是啊，如果她的心中始终都是抱怨，又如何能够静下心来守着沙漠，守着丈夫呢？！塞尔玛决定改变心态，积极地对待沙漠里的生活。从此以后，她努力与当地人交流，很快就受到了当地人的喜爱，与当地人相处得很好。她还利用闲暇时间研究沙漠里的动植物，去沙漠里收集各种标本。一天又一天过去，塞尔玛的沙漠生活越来越充实，她不但掌握了很多关于沙漠的知识，还根据自己在沙漠里的生活创作了一本书，成了畅销书作家。

心若改变，世界也随之改变。此前，塞尔玛只是愁眉苦脸地面对生活，所以被生活摒弃。后来，塞尔玛积极主动地面对生活，而且始终带着笑容，微笑不但照亮了她的生活，也照亮了整个沙漠。

孩子一定要学习以乐观的心态面对生活，而且要始终面带笑容。笑容不但能给孩子带来好心情，也会让孩子身边的人变得心情明媚起来。记住，命运对于每个人都是公平的，从来不会偏向任何人。正如人们所说的，这个世界上并不缺少美，缺少的只是发现美的眼睛。同样的道理，这个世界上也不缺少快乐，缺少的只是感受快乐的心情。要想提升孩子的情商，父母就要抓住各种机会，培养孩子的感恩之心，让孩子以阳光灿烂的笑容对待自己，对待整个世界。

远离烦恼，拥有快乐的心境

在人生之中，人人都追求快乐，也以快乐作为人生至高无上的目标。的确，尽管每个人对于生活的欲望都各不相同，但人们追求的终极目标实际上都是快乐。例如，有的人渴望得到大量的财富，是因为财富能让他们感到快乐；有的人是爱情至上主义者，追求最纯粹的爱情，也是因为爱情能给他们带来幸福的滋味。对于没有欲望的人而言，他们更容易感到满足，满足使他们得到快乐。总而言之，快乐不但是一种人生的智慧，也是很多不同的人对于人生各不相同的感受。真正的聪明人，能够洞察人生的真相，才能真正收获快乐。

遗憾的是，尽管每个人都追求快乐，然而，很多人还是被生活无意

第 14 章
快乐情商提升：赠人玫瑰，手有余香，让人生笑容相伴

间伤害了，感受到深刻的苦恼。要想驱散苦恼，就要拥有快乐的心境，尤其是对于原本无忧无虑的孩子而言。快乐简简单单，不管是一餐美食，还是一次酣畅淋漓的运动，都应该让人感受到快乐，给予人最好的体验。要想让孩子收获快乐，父母就要最大限度地培养孩子积极乐观的性格，否则一个愁眉苦脸、杞人忧天的人，根本不可能真正收获快乐。

人人都有七情六欲，孩子也是如此。很多父母误以为孩子的天性就是快乐的，孩子不应该有烦恼，其实这样的想法完全是错误的。人之所以快乐，不是天性使然，甚至性格也只是受到先天因素少部分的影响。对于大多数人而言，他们的性格都是后天养成的，尤其是人生之中发生的很多事情，更是会给人的性格带来很多影响。然而从整体的角度来说，积极乐观的人，还是会比消极悲观的人感受到更多的快乐，这是因为积极乐观的人能够放下忧愁，清空自己的内心，让快乐入驻。而如果一味地沉浸在悲观的情绪中，则乐观的情绪和快乐的心就无法安放，就会导致人生陷入困境。父母一定要引导孩子形成乐观的性格，这样才能远离烦恼，拥有快乐。

曾经，有个性格暴躁的人跟在佛祖身后不停地谩骂，然而，佛祖却对这个人视而不见，对于他的谩骂也充耳不闻。旁边的人看到后感到很奇怪，问佛祖："他在辱骂你，你怎么不反驳和惩罚他呢？"佛祖哈哈大笑起来："如果有人送礼物给你，你却拒绝接受，那么这份礼物又去了哪里呢？"那个人想了想，说："回到主人那里了。"佛祖说："所以对于他的谩骂，我不接受不就是最好的处理方式吗？"

佛祖就是佛祖，对于"气"看得透彻，也做得恰到好处。如果孩子也能拥有这种心态，轻而易举就拒绝了他人的谩骂，把谩骂还给他人，

那么就能避免用别人的错误惩罚自己，也让自己始终保持快乐的心境。

从心理学的角度而言，很多人的烦恼都是自找的，只要拒绝接受烦恼这份礼物，让内心充满快乐，就没有人能够破坏你的好心境。具体而言，父母应该怎么做才能让孩子始终快乐，远离烦恼呢？首先，当孩子犯错误的时候，父母要引导孩子客观看待问题，既找出客观的原因，也找出主观的原因，而不要一味地批评和否定自己，把所有的错误都归结到自己身上，以免孩子失去自信，变得被动。其次，作为父母，不要总是觉得自己对于孩子的一切付出都是孩子欠下的债，记住，不是孩子求你把他生出来的，所以抚养他成长是父母应该尽到的义务，而不是孩子欠下父母人情。再次，当孩子看问题的角度很消极悲观的时候，父母要引导孩子从积极的角度看待问题，这样一来，孩子才会拥有端正的心态，不至于得意忘形或者沮丧绝望。最后，很多孩子做事情磨磨蹭蹭，这是因为他们没有形成立即展开行动的决断力。父母要耐心帮助孩子戒除拖延的坏习惯，这样孩子才能当机立断展开行动，也才能以最快的速度奔向成功。

实际上，当一个快乐的人很容易，只要端正心态，远离烦恼，亲近快乐即可。如果一个人自寻烦恼，那么他无论如何也不能得到快乐。只有真心地寻找快乐，才能真正拥有快乐。归根结底，让孩子远离烦恼，拥有快乐，最重要的在于让孩子拥有快乐的心，这样孩子才会主动自发地创造快乐，拥抱快乐，对快乐也绝不轻易放手。

充满正能量，同化身边的人

古人云，近墨者黑，近朱者赤，把这个道理放在今天来阐述，就是与积极乐观的人在一起就能获得正能量，与消极悲观的人在一起只能接受负能量。所以大多数人都对积极乐观、充满正能量的人趋之若鹜，而对消极悲观、充满负能量的人敬而远之。然而，人人都拥挤在正能量的人身边，未必都能得到机会感应到正能量的辐射，与其对正能量的辐射求之而不得，不如更好地调整心态，让自己充满正能量，也成为正能量的中心。如此一来，你自然无须再去拥挤在拥有正能量的人身边，而可以吸引更多人聚集在自己的身边，形成强大的正能量场。

拥有正能量的人，可以同化身边的人，这完全符合古人所说的"近墨者黑，近朱者赤"的道理。孩子虽然还小，父母也要帮助孩子拥有正能量。当孩子拥有正能量，渐渐地，他就会吸引更多的正能量，也能够让自己的正能量增强。如果孩子总是消极悲观，那么形成的能量场也是消极悲观的，对于孩子的成长会产生很大的负面影响。总而言之，每个人都喜欢接受正向的能量和情绪，所以孩子要充满正能量，才能吸引身边的人，让自己成为正能量场的中心。

古今中外，大多数具有领导风范的领导者，无一不是高情商、富有人格魅力的人。他们浑身充满了正能量，只需要寥寥数语，就能调动起他人的积极性和热情，也能得到他人的衷心拥护和追随。那么，孩子如何才能具有这样的号召力，对人产生积极正向的力量呢？

首先，孩子自己要充满快乐，对自己进行积极的心理暗示，每天清晨起床都要告诉镜子里的自己："今天，又是新的一天。"其次，如果孩子比较内向也没关系，父母可以经常引导孩子与小朋友一起玩耍，让孩子认识和结交更多的人，这样孩子渐渐地就学会，如何与人相处成为真正的社交达人。最后，孩子一定要充满热情，只有热情，才能融化他人心中如同坚冰一样的隔阂，也才能真正打开他人的心扉，与他人的关系更加亲密，更加融洽。记住，只有让孩子积极乐观，拥有成熟的内心并充满智慧，孩子才会具有高情商，也才能感染和吸引身边的人。

有的时候，你需要一些阿Q精神

在鲁迅先生笔下，阿Q的形象被刻画得栩栩如生。阿Q看起来很傻，不管遇到什么事情都自欺欺人般妥协，实际上，阿Q不是傻，而是拥有良好的心态，所以总能承受挫折、失意，甚至是沉重的打击。放在现代社会来看，阿Q是一个情商很高的人，因为一个人抗打击能力的强弱，与其情商密切相关。

人人都希望生活是顺遂如意的，偏偏生活从来不让人如愿以偿，而总是给人设置各种障碍，也带来很多烦恼。实际上，最可怕的不是你所烦恼的事情，而是烦恼本身。作为一种情绪，烦恼很容易扰乱你的心绪，也让你的心乱七八糟、七上八下。经常有人说，态度决定了一个人将会拥有怎样的生活，这句话很有道理。的确，态度不同，每个人看到的一切都是不同的，对于外界的感受也截然不同。尤其是人生的各种困厄，放在不同的背景下看截然不同，而每个人的心态就是每个人独有的背景。要想战胜人生的困厄，最重要的就是不管任何时候都保持微笑，也不管面对多么艰难的困境，都始终坚强乐观，绝不屈服。只有拥有阿Q精神，人才能更好地适应环境，悦纳人生的安排，也与自己更好地相处。

在提升孩子情商的过程中，父母要有意识地培养孩子具有阿Q精神。当感觉到孩子的悲观和绝望时，不要忙着批评孩子，而要给予孩子足够的耐心和关爱，引导孩子从积极的方面看待问题。很多父母一旦发现孩子犯错就歇斯底里，自己在生活中遇到烦恼也总是愁眉不展，可想而知，这么做根本无法给孩子树立好的榜样，让孩子真正乐观。父母的榜样作用，会对孩子起到很大的作用。现实生活中，很多父母都抱怨生存艰难，也抱怨自己活得太辛苦，太劳累，实际上，辛苦和劳累是人生的正常状态，作为父母不要在孩子面前抱怨，而要表现出积极乐观，孩子才能受到父母的正面影响，也对人生持有向上的态度。如果父母对于生活怨声载道，也从来不顾及是否会对孩子造成负面影响，那么孩子也会渐渐地养成抱怨的坏习惯，非但对于解决问题于事无补，反而会导致事情朝着糟糕的方向发展。

作为举世闻名的发明大王，爱迪生为了找到合适的材料当灯丝，尝试了1000多种材料，进行了六七千次实验。在日复一日实验而又没有取得进展的过程中，助理都感到绝望了。有一次，爱迪生尝试一种新的材料又遭遇失败，助理表现出沮丧的样子，忧愁地说："这样下去，什么时候才能获得成功啊！"而爱迪生却不以为然，对助理说："没关系啊，至少我们现在知道这种材料是不适合做灯丝的，就距离成功又近了一步。"

爱迪生是一个非常乐观的人，也具有阿Q精神，所以才能在助理都感到绝望的时候，说出让人轻松愉快的话来。正是因为具有这种百折不挠、始终乐观的精神，爱迪生才能在失败的道路上始终坚持着，直到最后获得成功。

每个人的生活看似平平淡淡，实际上平凡中却孕育着伟大。孩子一定要拥有善于发现的眼睛，发现生活中的真善美，也洞察生活的真谛，给予生活更完美的解答。有些父母觉得孩子生活得无忧无虑，根本没有烦恼，其实不然。如今的社会每个人都压力山大，孩子也不例外。总而言之，孩子的世界并不是完全无忧无虑的，每个孩子也有独属于自己的烦恼。然而，对于这些烦恼，孩子一定要采取辩证唯物主义的方法来看待，既从烦恼中看到值得担忧的未来，也从烦恼中看到值得庆幸的现在。孩子只有学会自我安慰，才能让自己始终保持心理上的平衡，也才能让自己更好地驾驭和操控人生！

假装快乐，就会真的给你带来快乐

生活中，有很多人都郁郁寡欢，因为他们不知道如何排遣忧郁的情绪，也不知道如何才能找到快乐。实际上，这个世界并不缺少快乐，缺少的只是发现快乐的心灵。快乐并非与生俱来的，烦恼也不是挥之不去的。每个人唯有调整好心态，积极地面对生活，才能最大限度地打开心扉，拥抱生活。

如果不能真正地获得快乐，不如假装快乐。笑着笑着，你也许会流出眼泪，然而，你会发自内心地感觉到一切并非是不可战胜的。在教育孩子的过程中，父母首先要给孩子树立积极的榜样，不管何时都要乐观面对生活。所谓身教大于言传，父母唯有给予孩子正面积极的引导，孩子才会养成快乐的好习惯，始终微笑着面对生活。

当心情不好的时候，父母不如教会孩子微笑。如果孩子在人生的艰难坎坷中始终能够做到假装快乐，就会真的快乐，也会拥有乐观充实的人生。尤其需要注意的是，要帮助孩子养成快乐的好习惯，父母就不要总是苛责孩子，特别是在孩子犯错的时候，父母更要注意方式方法，既不要盲目批评孩子，也不要一味地强求孩子。孩子的成长需要自由自在的天空，父母唯有更好地与孩子相处，教会孩子怎样面对这个让人不如意的世界，孩子才能更加健康快乐，茁壮成长。

很久以前，有个人性格内向，常常因为各种原因而郁郁寡欢。渐渐地，朋友们都远离他，谁也不愿意和他相处。他觉得很难过，不知道自己为何成为孤家寡人，也不知道自己怎样才能摆脱糟糕的现状。

有一次，朋友们举行聚会，大家都围在一起谈笑风生，只有他坐在角落里，根本不知道怎样面对他人。这时，有个平日里和他关系比较好的朋友说："你怎么不和大家一起玩呢？"他愁眉苦脸地说："大家都不喜欢和我一起玩。"朋友语重心长地对他说："你要学会微笑啊。你看看镜子里的自己，愁眉苦脸的，脸色阴沉得仿佛能拧出水来。每个人都希望收获快乐，谁也不愿意接受负能量。只要你能学会微笑，让自己的脸上充满阳光，相信会有更多人愿意和你一起玩的。"他像朋友所说的那样，努力地笑起来，尽管他最开始笑的时候比哭还难看，但是渐渐地，他的笑容越来越灿烂，也有更多的朋友愿意和他一起玩耍了！他不再孤独。最让他惊讶的是，随着笑容在脸上驻留的时间越来越长，他真的发自内心地快乐起来。

一个人如果总是愁眉不展，那么日久天长，就会因为各种各样的原因而让自己远离快乐，脸上始终充满阴郁，无法真正阳光普照。明智的朋友知道，唯有真正地敞开心扉，让一切都在内心生根发芽，开花结果，人生才会更充实，也才能真正收获圆满。

在人生的道路上，有很多人都非常苦恼。要想让孩子快乐成长，父母就要在孩子心中播种快乐的种子，这样孩子才能发自内心地快乐，也才能真正改变心态，调整好心情，收获人生的幸福美好。任何时候，父母都要告诫孩子不要妄自菲薄，也要提醒孩子与笑容、快乐相伴。人人都会有遭遇艰难坎坷的时候，最重要的是有一颗宠辱不惊的心，这样才能消除负面情绪，充满正面情绪，也让笑容与快乐常伴人生之路。记住，即使真的不快乐，只要假装快乐，你就会真正收获快乐。既然如此，为何还要让乌云遍布自己的脸庞呢？

知足常乐，知足才能更快乐

古人云，知足常乐，意思是说一个人只有懂得感恩，知道满足，才能真正收获快乐。否则，假如一个人始终很贪婪，对于很多事情都心怀不满，那么最终他们一定会陷入欲望的深渊，感到万分苦恼。为了让孩子拥有积极健康的快乐心境，父母一定要教育孩子知足常乐。当孩子对于现在拥有的一切不知足，也感到不满足的时候，父母要告诉孩子：快乐的人都有知足的心。

第 14 章
快乐情商提升：赠人玫瑰，手有余香，让人生笑容相伴

知足常乐，并非意味着不思进取，而是在竭尽全力的基础上，对于自己得到的一切都心怀感恩，既不要觉得自己得到得太少，也不要觉得自己失去得太多。每个孩子都要记住，命运总是公平的，它在给一个人关上一扇门的同时，也会给这个人打开一扇窗。在家庭生活中，父母也要给孩子做好榜样，时常怀着感恩之心，这样孩子才会更知足，更快乐。

有一段时间，小豆因为爸爸妈妈都是农民，对爸爸妈妈很不满意。尤其是初中升入县城里的高级中学之后，小豆看着同学们都吃得好穿得好，而且在学习方面也占据极大优势，更是对面朝黄土背朝天的爸爸妈妈不满了。有一个周末，郁郁寡欢的小豆没有回家，因为老师让每个孩子都交200元班费，作为班级活动之用。对于大多数孩子而言，200元钱是个小数目，而对于小豆而言，他根本不知道回到家里如何开口和爸爸妈妈要这200元钱。

周六清晨，爸爸背着干粮来看望小豆。一见到小豆，爸爸就问："娃娃，你这周该回家去拿干粮呢，怎么没回家呢？"小豆看着爸爸走几十里路背来的干粮，委屈得眼泪都出来了："我回家干吗？干粮还有呢，在家和在学校吃的都一样，奔回家连顿好吃的都没有！"听到小豆这么说，爸爸有些羞愧地低下头：是啊，做父母的，谁不想让孩子吃得更好一些，穿得更好一些呢！可是，家里就是这个条件，短期内根本无法改变。看着爸爸内疚的样子，小豆又有些不忍心了。小豆说："爸爸，我以后周末不回家了，你快回吧，没粮食了，我会回家拿的。"爸爸低着头走了好几步，突然又回过头来："娃娃，我听村里的孩子说，你们要交200元班费。你妈卖掉了10只鸡，这是300元钱，你交200元，剩

下的留着当零花钱。"看着在爸爸手心里被浸湿的300元钱，小豆眼睛湿润了："爸爸，弟弟也需要营养，妈妈还要吃药呢，这100元给你拿回家吧！"爸爸再三推辞，还是空着手走了。小豆怔怔地站在原地：我的爸爸妈妈都是农民，为了供养我读书，他们已经拼尽全力了，我还有什么理由抱怨呢？和那些没有父母、流落街头的孩子相比，我真的已经非常幸运了，村子里有很多经济条件好的人家，也不让孩子读书，而让孩子四处打工，给家里挣钱。想明白这个道理，小豆再也不因为爸爸妈妈都是农民而抱怨和懊丧了。他很清楚，自己只有认真努力地学习，不辜负父母的苦心，才能对得起父母。

很多孩子都习惯抱怨，是因为他们习惯了从父母那里得到。他们就像是讨债鬼，似乎生而就是为了向父母讨债的。实际上，不管父母再怎么贫瘠，都给了孩子生命，也辛辛苦苦抚养孩子长大，所以只有孩子欠着父母的养育之恩，父母从来也不欠着孩子的。现代社会，很多孩子都不孝顺父母，实际上与父母教养孩子的方式不恰当有很大关系。父母的宠溺，是对孩子最大的祸害，偏偏很多父母都不自觉。

明智的父母知道，父母对孩子要疼爱，但是却不能过度溺爱。唯有把握好爱孩子的度，父母才能对孩子爱得恰到好处，既无微不至地照顾孩子，又培养孩子的感恩之心，让孩子对于父母的付出感到知足，绝不抱怨。归根结底，父母是孩子的指引者，并帮助孩子初步形成人生的各种观念。父母唯有给予孩子最好的支持，孩子才会茁壮成长，也才会更加感恩和知足。

参考文献

[1]常春藤国际教育联盟.12~18岁,决定人生高度的情商培养期[M].北京:中国商业出版社,2017.

[2]常春藤国际教育联盟.6~12岁儿童情商培养关键期[M].北京:中国商业出版社,2017.

[3]陈实,王慧红.北大情商课[M].北京:中国纺织出版社,2017.